破茧成蝶2
——以产品为中心的设计革命

刘津 孙睿 著

人民邮电出版社

北 京

图书在版编目（CIP）数据

破茧成蝶. 2，以产品为中心的设计革命 / 刘津，孙睿著. — 北京：人民邮电出版社，2018.8（2022.2重印）
ISBN 978-7-115-48573-1

Ⅰ. ①破… Ⅱ. ①刘… ②孙… Ⅲ. ①产品设计 Ⅳ. ①TB472

中国版本图书馆CIP数据核字(2018)第117580号

内 容 提 要

本书作者将数年来从事互联网产品架构和设计工作的实践经验，加以融会贯通，概括并阐释了"以产品为中心"的互联网产品设计内在规律，以帮助产品设计师快速成长进阶。

全书分为3篇，共10章。第一篇包括第1~3章，审时度势地分析了互联网市场的环境变迁，帮助产品设计师找准自身定位，并确定产品设计师的职业进化路线。第二篇包括第4~7章，详细介绍了产品设计师的方法论，阐释并讲解了商业画布、用户故事地图、用户体验地图、MVP、产品定位等众多概念；然后结合产品生命周期的不同阶段，详细介绍了如何把握产品方向、明确竞争优势、提升商业价值。第三篇包括第8~10章，探讨了产品设计革新、提升产品设计效率以及产品设计沟通和成长等较为高级的话题。

本书延续了"破茧成蝶"系列图书的一贯风格，语言平实生动，取材广泛，案例贴近实际，图文并茂，适合处于不同成长阶段的产品设计师、产品经理和产品运营人员阅读参考。

◆ 著　　　　刘 津 孙 睿
　　责任编辑　陈冀康
　　责任印制　焦志炜

◆ 人民邮电出版社出版发行　　北京市丰台区成寿寺路 11 号
　　邮编　100164　　电子邮件　315@ptpress.com.cn
　　网址　https://www.ptpress.com.cn
　　涿州市京南印刷厂印刷

◆ 开本：720×960　1/16　　　　　　　插页：1
　　印张：17.5　　　　　　　　　　　2018 年 8 月第 1 版
　　字数：210 千字　　　　　　　　　2022 年 2 月河北第 8 次印刷

定价：79.00 元

读者服务热线：(010)81055410　印装质量热线：(010)81055316
反盗版热线：(010)81055315
广告经营许可证：京东市监广登字 20170147 号

有人说：产品经理及用户体验设计师的门
槛很低，未来将不复存在。这是真的吗？

推荐序1

说实话，当作者邀请我为本书写序的时候，我感觉非常荣幸，也颇有些意外。多年来，我一直在做技术、产品和运营，对于设计和用户体验更多的是景仰，从来没有想过自己能够有幸为他们的书写序。借此机会，我翻阅了这本书，掩卷沉思，我的脑海里浮现出的两个关键词，就是用户和成长。

创办一家以用户为中心的公司，创办一家不断帮助用户成长的公司，创办一家不断和用户一起成长的金融科技公司，这些都非常难，但这却是宜人贷成功的唯一路径！我们需要不断地坚持和创新，更需要不断地而且聪明地和用户交流，听取他们的反馈并不断迭代改进。这么多年的失败的教训和成功的经验告诉我们，这是唯一正确的道路。在宜人贷，通过各个团队的不断尝试，我们看到了一些初期的结果，同时还有更令人激动的目标在激励着我们前进。

以用户为中心，就是要用最好的方式帮助用户成长，就是要满足用户更长远的真实需求。福特汽车公司的创始人亨利·福特当年有句名言："如果我只听用户今天的需求，我会给他们更快的马车。"所以，每次在讨论一个新的想法的时候，我们总是需要问问自己："这是为了用户的成长吗？"同时，还要追问一下："这是我们想做和能做好的吗？"只有对于用户的现在和未来好，对于公司的未来好，才是真正的以用户为中心。而为了帮助用户成长，为了让用户的未来更好，我们必须用创新的方式，把未来带进现实。

创新的用户体验和成长，与商业需求之间，似乎总是有矛盾。创新总是站在"超前层面",把最具引领性的想法表达和实现出来;商业总是站在"实际层面",为了当前的需求而服务。我们不断地看到,一家又一家公司证明了,创新的用户体验和成长,可以创造更多的商业需求和巨大的社会价值。苹果、特斯拉等公司如此,在金融科技领域,今天的宜人贷亦然。

本书的第一作者刘津和团队一起,在从UED(User Experience Design)到 UGD(User Growth Design)的道路上,做了非常具有引领性的探索和实践。他们的经验会帮助有同样目标和志向的团队,秉承以用户为中心和帮助用户成长的初心,不断砥砺前行。

最后,感谢每一位创造成长、创造未来的匠人!

宜人贷COO兼CTO   曹阳

推荐序2

我们现在做的一切，都是为了即将到来的未来做准备。

最近几年，传统的产品、用研、设计、运营的岗位边界逐渐模糊。数据驱动产品，产品跨界运营，用户体验关注商业价值——环境的变化、思维的变化，对产品设计人员的能力提出了更高的要求。

过去，设计师主要围绕产品及用户需求，以用户为中心进行设计，"用户体验""产品设计"是我们挂在嘴边的词汇。

而现在，无论是产品经理还是设计师，都需要围绕产品成长，以产品价值为中心进行设计——我们经常讨论的是"用户增长"和"商业价值"。

作为以产品经理、运营为核心的学习、交流、分享平台，"人人都是产品经理"也敏感而清晰地看到了这种趋势——未来，能够触类旁通的"T字形人才"会比垂直领域的专业人才更加抢手。

《破茧成蝶2——以产品为中心的设计革命》介绍了"以产品为中心的设计方法"，也因此引出了一个对很多人来说既熟悉又陌生的、互联网下半场的新角色——"产品设计师"。这个角色的要求有很多，要有正确的思维，要有相应的技能，还要有对职业的热爱、洞察力、创意等。

写书不是一件容易的事，但绝对是一件值得的事。

我想作者在写作过程中也一定遇到过许多困难、阻力，因此也感谢他们坚持了下来，这本书此刻才能呈现在我的面前。我相信，这本书还将呈现在那些在产品设计这条路上感到迷茫的人们的面前，帮他们消除"本领恐慌"！

　　未来已来，只是尚未流行，这次你愿意先睁眼看世界吗？

人人都是产品经理、起点学院创始人兼CEO　曹成明

前言

　　2014年7月，《破茧成蝶——用户体验设计师的成长之路》出版了。到2017年，这本书已经销售3万余册，豆瓣评分高达8.6分，位居国内同类书籍之首。在此期间我收到了热心读者的大量反馈，得到了很多支持和肯定。作为一个互联网从业者，能为这个行业做一点微薄的贡献，帮助更多新人了解行业并快速上手，我备感荣幸。

　　然而中间这几年，我并没有想过再写一本书，因为写书不是一件容易的事情，需要付出很多的时间和心血。国内同类书籍很多，但能形成完整知识体系的寥寥无几；国外的相关书籍则更侧重理念，需要慢慢吸收，不利于快速上手。《破茧成蝶——用户体验设计师的成长之路》之所以能取得成功，我认为主要有三个原因：一是内容基础，语言朴实，易于理解；二是结构性强，成体系而非东拼西凑；三是有实际案例，便于实操。所以我一度认为，我不可能在短期内再有这样的积累写出一本超越《破茧成蝶——用户体验设计师的成长之路》的书来。

　　事情的发展总是出人意料。在网易的时候，我觉得自己的积累似乎已经不少了。为了学到更多东西，2014年我来到阿里巴巴集团（后文简称"阿里巴巴"），成为商家业务事业部的一名交互设计专家。在两年时间里，我遇到了前所未有的挫折与挑战，我发现之前在网易积累的设计经验，在这里几乎用不上。这让我产生了前所未有的危机感，我渐渐明白：仅凭整理用户反馈、做竞品分析就能做好设计的那个时代一去不复返了。

　　在阿里巴巴的困境引起了我对设计师生存环境的进一步关注：我发现这几年整个

互联网行业确实发生了天翻地覆的变化。从To C（Customer）到To B（Business），从线上到线下（O2O），再到与传统行业结合（互联网+）。每一类型的产品都催生了不同的设计理念和方法，呈现出"百花齐放"的状态。这就意味着我们很难再用早期那套"通用"的设计思想和方法解决所有问题。

在这种情况下，我开始尝试摸索适应新时期的互联网产品设计方法模型，不仅能涉及绝大多数产品情况，还要打通产品设计、交互设计、视觉设计、用户研究等环节，使不同角色围绕同样的目标而战斗，大幅提升工作效率。那个时候我还没有意识到，我已经初步完成了从用户体验设计师到产品设计师的过渡。

我于2016年离开阿里巴巴，正逢互联网开始进入"下半场"，环境的改变迫使无数从业者集体陷入迷茫。UXdesign网站2016年发布的一份互联网从业人员发展趋势报告中提到"用户体验设计师的门槛很低，以至于这个岗位很快将不复存在"；我也常看到有人分享《产品经理们，5年后你会失业吗？》之类的文章。那段时间我发现很多人都焦虑，设计师想转产品经理以谋求更高的产品话语权；产品经理想转成交互设计师或其他角色，觉得至少有一技之长，未来不那么容易被淘汰……

而我也决定顺势做出改变——摘掉设计师的标签，成为一名创业者。不过幸运的是，没过几个月我就清醒地发现自己并不适合创业，所以又回到了设计岗位。虽然创业没有成功，但我依然非常感谢这段经历，它帮助我用更完整的视角看待产品，也让我看到自己的局限，使我回归设计岗位后可以更关注产品战略层和业务层，向一名真正的产品设计师迈进。随着环境的变化，未来会有越来越多的产品经理及用户体验设计师转型为具有综合视角的产品设计师。

经过一段时间的休整，我来到了宜人贷。一开始我对这家公司并不了解，以为只是互联网借贷大军中的普通一员。但来到这里我才知道，宜人贷不仅是第一家在美国上市的中国互联网金融公司，更是一家科技含量很高的公司。宜人贷领导层大多出自硅谷或华尔街，在美国有多年辉煌的从业经历，他们的管理理念、思维方式非常超前和具有创新性，令我大开眼界。在宜人贷宽松自由、鼓励创新的氛围中，我受到了很多启发，并尝试将各种新理念付诸实践并验证效果。例如，在领导的指引下，我尝试采用逆向思维：先制定与提升业务相关的目标，再反向引导、验证设计，形成闭环。

这个理念结合我之前搭建的产品设计方法体系，简直如虎添翼。这种颠覆常规的设计思路是我之前作为一名用户体验设计师，想都不敢想的，也是现在很多设计同行依然认为不可能的事情。

大环境的变化、新的思考和沉淀、方法论的逐渐成熟，催生了我写第二本书的念头。我想把这几年的积累分享给更多想要进步转型、突破瓶颈的朋友。在第一本书里，我是一个总结者，把用户体验设计方面的普适性基础知识用平实易懂的语言以结构化、体系化的方式呈现给初学者，帮助大家快速入门。而在这本书里，我是一个掘金者，把产品设计背后看不见的隐含规律挖掘出来，并应用相关的概念、方法（如书中提到的商业画布、用户故事地图、用户体验地图、MVP、产品定位……这些概念中的任何一个都可以专门写本书，因此详细解释概念不是本书的主要目的，而是如何在产品设计过程中把它们串联起来灵活应用），帮助大家"既见树木，又见森林"，从而快速提高以适应新环境。当然，为了延续《破茧成蝶——用户体验设计师的成长之路》一贯的风格，我会尽量保证这些内容对进阶者依然是结构化、体系化的，并且表述方式简单易懂。

如果说《破茧成蝶——用户体验设计师的成长之路》里的"以用户为中心"的设计方法是1.0版本，那么本书要介绍给大家的"以产品为中心"的设计方法就是2.0升级版本。1.0版本主要面向产品经理及用户体验设计师，2.0版本则面向企业/产品/设计管理者、产品设计师（包括产品经理及中高级设计师）等。需要注意的是，2.0版本并不能涵盖1.0的内容，而是1.0的进阶版本。如果你是初学者，还是需要从1.0学起。

写这本书对我来说是一个巨大的考验，因为书里面涉及太多产品方面的知识。以前我自以为很懂产品，但写这本书才让我意识到之前了解的那些知识对于产品设计的整体框架来说简直是九牛一毛。这个行业需要的不仅是纵向精钻，更需要横向打破职能和专业壁垒，去整合相关行业的知识，而这往往是设计领域从业人员非常欠缺的。我们常把了解产品、了解业务挂在嘴边，却又整天死啃着设计方法论或沉浸在自己的大作中，亦或是碌碌无为地淹没在需求当中，却不曾关心产品方面的理论实践以及相关知识。而有产品格局的设计师往往被视作异类，最后大多转行做了产品经理或参与创业。

如果我们能认清自身的局限，通过了解更多产品知识，站在更高的角度审视设计并融会贯通，一定可以帮助更多迷茫的设计师以及知识体系和专业技能欠缺的产品经理继续提升，突破瓶颈。当然书中提到的产品设计师的角色只是未来产品经理或设计师发展的其中一个方向，我并不否定或排斥其他方向，相信未来所有角色的发展都会更加多元化。

感谢我所有的经历，从《破茧成蝶——用户体验设计师的成长之路》完稿到现在的4年间，没有一段经历是浪费的。缺了任何一段，可能都无法构成现在的这个完整的思想体系。回顾过往时，我也意外地发现自己从入行至今，居然从来没有离开过商业产品，这使得我对设计量化、产品设计思维驱动业务提升等话题更敏感，也更容易有所创新。当然，这些思想对任何产品都是适用的。

感谢网易、阿里巴巴、宜人贷三家公司对我的培养和信任，谢谢它们慷慨地给予我各种犯错误和"折腾"的机会。感谢阿里巴巴公司产品总监姜蕾，她是我在这条路上的启蒙老师，让我学会从商业角度看问题；感谢阿里巴巴公司设计总监范荣强，帮助我在困境中调整心态重新站起来；感谢宜人贷首席运营官曹阳、前副总裁胡杨坤，在专业创新方面（通过数据闭环指导并验证设计、科学试验设计等）给予的引导和支持；感谢阿里巴巴公司视觉设计专家许崇翔，资深交互设计师谭葭、高玉娇在品牌创新方面给我的支持；感谢宜人贷产品经理孙睿和我合作写完这本书，感谢我带领的设计团队为我提供案例及支持；特别感谢《破茧成蝶——用户体验设计师的成长之路》合著者李月以及老同事魏玮对这本书的帮助和建议；还要感谢其他所有帮助过我的领导和同事以及所有热心读者。谢谢大家！

最后要说的是，本人经历和积累尚有限，专业水平和实践经验还在不断提升当中，仅希望借此书能把个人的经验及创新成果分享给大家，帮助到有需要的人。如书中有不足之处，敬请广大读者批评指正。

刘津

2017年12月

目 录
/CONTENTS

第三篇　知行合一　不惧未来

第 8 章　如何推动产品设计革新 ･･･････････････････　235

第一篇
风云变幻　适者生存

第 1 章 时代变化 呼唤新的设计思潮

1.1 一款互联网产品的深情自白

大家好，我是一款互联网产品。都说做产品就像养孩子，产品经理是父母，用户体验设计师更像老师。今天我就来跟大家聊聊我作为孩子的成长经历。

大家都知道，没有哪个产品生下来就是摇钱树，无论是谁都要经历从零开始成长的过程。

当我们还是婴儿的时候，需要被悉心地呵护，需要产品经理，也就是我的父母，一步不离地照看，否则我们可能因为各种意外而夭折。这段时间我们生长非常快，每天都可能有新变化，他们必须及时根据情况改变喂养策略。这需要他们非常用心，深入挖掘各种可能利于我们成长的假设，并勇于尝试验证。

然而，此时的我们显得很渺小。我们不会说话，不会走路，不仅不能满足好用户的需求帮父母们赚钱，还整天"哭闹"。这个时候需要父母对我们有足够的耐心，不要轻易放弃。

之后我们长大一些，能跑能跳了，这个时候的我们需要接受更好的"教育"，并发展自己的独特性，而不是被打造成毫无个性的流水线产品，这是我们可塑性最强的时候，也是最需要父母和老师因材施教的时候，因为一不小心就可能"误入歧途"。

当我们成年后，各方面已经定型了，这也是我们最能回报父母和老师的时候。我们会小心尝试各种方式，在保本的基础上进行更多商业变现。即使有再多的用户喜欢我，我也要保持清醒，继续维持自己独特的个性和魅力，而不是一味地取悦别人改变自己，这样大家才会更喜欢我，提升我的整体价值。其实我并不看重短期的利益，我要的是共赢和可持续发展。

听我的父母说，大人们不是一直都这样养育孩子的。早些年并没有这么精细化，并不分什么婴儿期、青少期、成年期。那个时候条件有限，养孩子的方式还比较粗放。

看看我那些哥哥姐姐就知道了，它们就是按照别人的模样做的，然后各种填鸭式喂养。他们的父母总是按照市场喜好量身打造他们，弄得市面上一堆一模一样的产品，然后再拼个你死我活。有几个哥哥姐姐本来都已经在厮杀中要胜出了，但他们没有自己的想法，总是在迎合别人，迷失了自己的个性，被后起之秀赶超，然后就退出舞台了。在这个新时代，仅靠迎合大众喜好是不够的，用户群体也在不断细分，必须得有自己的个性特点才好生存。

幸运的是，我们这一代就好多了，父母和老师越来越懂得因材施教，非常注重发挥我们的个性化优势。当然他们也会考虑到"家庭条件"和环境等因素，不盲目跟风攀比。而且现在的父母和老师，越来越和谐融洽了，生活在这样一个新时代，我们好幸福啊！

从这段深情自白中可以明显看出，最近几年的产品大环境发生了很大的变化，这些变化导致了现在及未来的设计重心回归到产品价值本身上，强调不同阶段产品价值的合理最大化，而不是无时无刻一味地追求最好的用户体验或是强调短平快的业绩效果。

这是互联网进入下半场之后带给我们的礼物。

1.2　互联网正式进入下半场

2016年11月16日，第三届世界互联网大会在乌镇举行。李彦宏、马云、马化腾、周鸿祎等国内互联网大佬再度聚首乌镇。在这一届大会的演讲内容中，大佬们提及最多的是一个陌生的词语——"下半场"。

什么是下半场？和上半场相比有什么区别？身在这个行业中若干年，我对此有深刻的体会。现在就以我的个人经历来告诉大家，这几年互联网大环境发生了什么翻天覆地的变化。

1.2.1　大环境的变化

1. 产品类型越来越多样化

记得2010年我刚加入网易时，还是门户、内容为王的时代，后来公司开始逐渐重视工具型产品，但很多设计师并不清楚两者之间的差异，依然把工具型产品的界面搞得很花哨……好不容易弄明白规则，第二年，风向就开始大变，移动端流行起来了，大家疯狂地从PC转向移动，认为PC不再有发展，当然很多产品经理及设计师又把PC端的陈旧设计思路带到了移动端，以致屡次碰壁……又过了一年，O2O火了，设计师开始研究服务设计的方法，不幸的是活下去的公司并不多，经过各种补贴、投钱、抢人大战，最终只有极个别的公司幸存，后来又遭遇了市场寒冬，资本逐渐回归理性……

大概2012年或更晚的时间，"互联网+"的概念诞生了，传统线下行业开始往互联网方向延伸。以前大家常常认为：什么都不懂，去做产品经理啊。而随着垂直型产品的崛起，产品经理这一职位更青睐于有资深行业背景的人。比如，彩票产品经理需要有彩票领域的经验，金融产品经理最好要有金融背景……设计师不仅要适应不同平台、产品类型之间的设计规则，还需要花大量时间去学习相关领域的业务知识。

2014年，我来到阿里巴巴，开始第一次接触To B （Business）产品，在那之前，我从没想过原来有些产品取悦的是"客户"而非"用户"。比如对于企业内部使用的办公产品，用户喜不喜欢你的功能可能是次要的，老板认不认可才是最重要的。作为客户，老板是有决策权的人，只要他一句话，全公司的人都会成为产品的用户。这个时候我才发现，原先对产品体验的理解有点片面了。

相对于C（Customer）端产品，To B 简直就是另外一个世界。这还不是说需要学习什么的问题，而是要清空自己原有的设计思维。做To C时，听到的总是"用户""体验""竞品""转化"等词语；而做To B产品时，听到更多的则是"商业化""客户""收费"等词语。当然，现在To C产品也越来越重视商业化。

后来我又接触了一款很特别的平台型产品（平台型产品往往有很多子产品，这些子产品一般来说既有To C的部分，又有To B的部分，还有可能完全To B或者面向专业人士），它的复杂程度超乎我的想象。以前做垂直型产品（例如彩票、保险等产品，个人认为它们应该介于To C 和To B之间，专业门槛较高）已经觉得比网站型产品（例如新闻、社交等产品，典型的To C，专业门槛低）复杂很多了，但是做了平台型产品，才发现那些简直是小巫见大巫。我以前掌握的设计方法几乎完全无法应用在平台型产品上。经过一段时间的摸索，我才慢慢地找到了对应的设计方法，并发现它们也完全可以应用在其他类型的产品上。这就好像你学会了庖丁解牛的方法，自然也可以宰猪杀鸡；如果你杀鸡游刃有余，却未必知道如何下手屠牛。所以经历制作复杂的产品过程，对我更系统化地掌握产品设计方法非常有帮助，如图1-1所示。

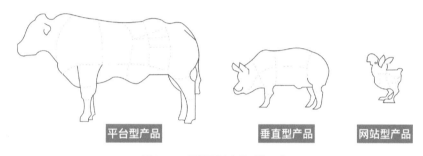

图1-1　不同类型的产品对比示意

当时，阿里巴巴的产品给我印象最深的三个关键词是"生态""数据""赋能"，这种战略型公司的视野和高度让我叹为观止。

回顾最近这些年国内互联网企业的飞速发展，除了自身实力以外，很大程度上是时代推波助澜的作用。人口红利、流量红利和资本红利催生了中国独有的用户增长模式。以"买流量、买用户"为代表的粗放式经营模式，是"中国互联网上半场"最真实的写照。这种模式也使得各种新产品类型层出不穷、遍地开花。然而从2015年以后，随着三大红利的逐渐消退，产品类型也渐渐趋于稳定。互联网从业者终于可以把更多精力放在打磨产品品质及自身提升上了。

总体来说，产品类型的多样化、复杂化、专业化，促使产品经理及设计师不仅要更多地了解行业知识，还要加强专业技能，更要能够"融合跨界、一专多能"，或者是增强和其他岗位协同的综合能力，以面对更复杂、更特殊的情况，增强克服困难的能力以面向种种不确定性及个性化问题，否则很容易在新环境下感到挫败感和迷失感。

2. 产品方向越来越个性化

2015年，我开始寻找创业机会，那时，三大红利似乎正处于顶峰，也即将迎来下降的拐点。正因如此，那期间的创业产品多如雨后春笋。于是我猛然发觉在感叹阿里产品形态复杂、前瞻的同时，这一年多的时间外面居然发生了这么多变化，未免感觉到不安。所以之后我就更加有意识地关注行业动态及热门的产品、融资情况等。我发现，除了类型越来越多样化以外，产品也越来越偏向个性化。

通过总结近几年比较热门的产品，我发现了一些有意思的结论，如图1-2所示。

图1-2   产品发展趋势

我们从最下面一行可以看到的变化是：从提供普通商品到提供品牌商品（消费升级/品质化），再从品牌商品到个人品牌（明星/大V），最后到普通的个体服务。整体来说，这是从商品到服务的过程。

我们从第一列可以看到的变化是：从商品平台（商品多/廉价，满足大众人群大众化的需求）到自营（品质化/品牌，满足大众人群消费升级的需求），再到有特点的自营平台（满足小众人群多样化的需求）。整体来说，这是追求从量到质、再到个性化的过程。

横纵联合看，是从追求物质极大丰富（大而全/便宜）到精神满足（品牌/明星/公知），再到回归生活实用性、个性化的过程（满足不同人群对于衣食住行、商品、娱乐的不同要求）。这充分体现了时代的进步。

跟随时代的步伐，互联网产品正在从标准化、大众化转向个性化。针对垂直领域或细分用户群体的产品会越来越有市场，这给了后来者更多的机会。比如淘宝和京东在电商方面遥遥领先，后来者看似已经没有机会超越，但它们可以在垂直领域发力，比如特卖、跨境、母婴、化妆品等。再如，爱奇艺、腾讯、优酷在视频网站中排名领先，却并不影响A站、B站在年轻人心中的特殊地位。在新的环境下，企业必须明确自己的核心定位，在巨头领先的情况下通过定位细分来找到新的机会。

产品类型的多样化以及不同的发展方向，给了产品经理及设计师前所未有的挑战。以前做产品，用户人群都非常大众化，所以即使不做调研，只是把自己当作用户，也可以顺利进行设计。然而，现在项目成员经常面对的是和自己完全不同的人群类型，这就要求我们必须老老实实做调研，了解目标人群的特征。另外，以前的产品同质化非常严重，竞品一抓一大把，在时间有限的情况下"照葫芦画瓢"一下也可以完成任务。但现在的产品越来越追求个性化和创新，使得我们不可能通过简单地借鉴竞品就能得出合理的解决方案，必须脚踏实地依靠创新精神以及扎实的专业技能和数据思维。设计师通过直觉、经验、过度包装方法论等手段来证明自己专业度的时代一去不复返了。大家都需要端正心态、踏踏实实做事。

3. 由极度的变化和不确定性逐渐趋向稳定

短短几年，激增了如此多的产品类型，说明这几年互联网充满了极度的变化和不确定性。图1-3是我从2010年入行到2017年能想到的一些关于行业发展的热门关键词，大家可以感受一下这种变化。

前两年，我和很多互联网同行聊起职业发展，发现大家都无一例外地感到迷茫。一位前辈从容地对我说："迷茫就对了，因为这个行业发展实在是太快了。不光是你，我也一样迷茫。"

人之所以感到迷茫，是因为过去的经验跟不上现在的变化。这些年，这个世界由过去的充满确定性变成了充满不确定性。以前动不动就三年五年战略规划，现在则是摸着石头过河，快速迭代、快速试错。以往的经验、思维模式反而可能变成阻碍进步的绊脚石。

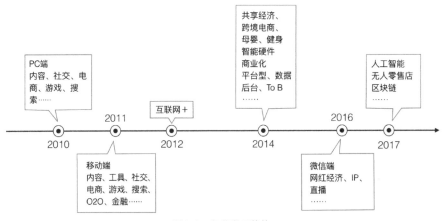

图1-3　行业发展趋势

好在2015年之后，随着人口红利、流量红利、资本红利逐渐退出，情况开始稳定下来，互联网终于放缓了它飞速发展的脚步，开始在更健康、更规范的市场环境下稳步前进。大环境的稳定，意味着产品设计由过去的粗放式发展正式进入稳扎稳打的精细化时代。

4．回归产品价值

过去做产品，不管是公司还是投资人，出手都十分阔绰，而且不急于看到产品变现。大家更关注的往往不是产品价值本身，而是通过买流量营造成繁荣的表象以获得更多投资，支撑下一轮运作。在这种风气下，互联网的泡沫越来越大。一旦遭遇资本寒冬，没有实际用户价值、盈利能力的产品不管知名度多高、用户量多大，都会悄无声息地离开战场。

即便注重内功，做好体验，也不会再像过去那么容易脱颖而出。过去只要产品做到极致、渠道顺畅、口碑打出去，就可以快速实现爆发式增长。而现在，光做好产品是远远不够的，还需要注重营销及资源上下游整合等，这无疑对产品有了更高的要求。很多体验不错的产品被淘汰得不明不白，很可能是因为过于重视产品本身，却忽视了产品背后的产业。

现在，随着三大红利逐渐退出，产品资源越来越捉襟见肘，市场要求却越来越高，在这种情况下如果还死守着过去"以用户为中心"或者"短平快提升业绩"的传统思维，情况都不会很乐观。我们需要的是怀抱"以用户为中心"的理念，并使用有效的方法，考虑如何在有限的资源及能力的基础上精打细算、量入为出，不断地以

"提升产品价值"为中心。否则在巨头垄断、竞争激烈的市场竞争中难以生存下去。正所谓"既要仰望星空,又要脚踏实地"。

1.2.2 对产品设计思维的影响

总结一下,以前是互联网的上半场,占尽三大红利。而2015～2017年,这三大红利在逐渐消退。随着人口增长放缓、营销成本增加及资本回归理性,互联网开始进入下半场。从图1-3中也可以看出:2015年以前,产品类型迅速扩充,各种新概念、新形式层出不穷;而到了2015年以后,产品类型则逐渐稳定下来,精耕细作地向前发展。

1.3 以产品为中心的设计革命

接下来,我为大家概括一下互联网前后半场的对比,以及对产品设计思维带来的影响,如图1-4所示。

维度	前半场	后半场	对产品设计思维的影响
用户群体	标准型大众用户	个性化细分用户	从了解大众用户到用户细分研究
产品类型	标准化、大众化	个性化、多元化 复杂化、专业化	从了解大众市场到 深入了解具体行业
运营思路	粗放式 (短平快、投钱买流量、补贴等)	精细化 (回归用户及产品价值、数据验证)	从主观判断到客观验证
投入成本	不惜成本	量入为出	从盲目跟风到精益思维 (最小成本创造最大价值)
产品方向	直接借鉴,同质化严重	探索创新,追求差异化	从"合理借鉴"到大胆创新
优化方向	迎合大众 不断增加/优化功能	从小众入手,反复调整方向	从按部就班到小步迭代试错
产品阶段	粗放式成长: 各阶段一视同仁	精细化成长: 不同阶段采用不同的设计策略	从围绕产品需求以用户为中心, 到围绕产品成长以产品价值为中心
产品变现	不急于变现	强调变现能力	从用户思维到商业思维 从体验/KPI为导向到商业目标为导向

图1-4 时代变化对产品设计思维的影响

过去，产品经理主要围绕短期KPI，以快速提升业绩为目标进行产品设计。然而KPI未必能真正提升产品价值，可能只为完成领导布置的任务，或是在短期内让业绩好看一些，但这样有可能影响到产品长期的发展，或是错失创新及转型的机会。

过去，设计师主要围绕产品及用户需求，以用户为中心进行设计。设计过程中没有太多创新，而是按部就班地进行分析：从产品需求到用户反馈、竞品分析、设计规划、实施、跟进、检验等。

现在，无论是产品经理还是设计师，都需要围绕产品成长，以产品价值为中心进行设计。这需要打破常规，把提升产品价值作为目标，每一次行动都精准地围绕最终想要达成的结果，最大程度地避免方向错误导致的资源浪费，同时强调创新。最终可以最大化地提升产品价值，同时保证良好的体验。

这种思维的巨大变化，一方面得益于互联网整体环境的发展，另一方面也基于行业细分下专业能力日积月累的提升。

那么如何提升产品价值呢？长远地看，一定要考虑策略和方法。大家都玩过"植物大战僵尸"吧？里面有个无尽模式，越到后面越难，就看你能坚持多少关。如果随心所欲地打僵尸，玩不了几局就死了。但是如果你事先搜集网上的攻略，会发现玩得好的玩家都非常懂得排兵布阵，提前打好富余量。这样在前面几局敌人不多的情况下，先不着急打僵尸，而是抓紧铺武器、摆阵法。前面准备得越充裕，后面大敌当前的时候就越游刃有余。当然，不是所有人都有这个耐心，前期你会觉得很无聊，有一种杀鸡用牛刀的感觉，但是越到后期，你越能体会到前期的良苦用心。还有一个典型的例子就是"田忌赛马"，短期看，不一定每场都赢，最重要的是最后的结果。在本书的第二篇，我将具体介绍产品不同成长阶段的设计策略及方法。

为了避免大家误解，关于"以产品为中心"的理念，我想再澄清几点。

第一，本书所指的"产品""产品价值"等都是非常广义的概念。记得有一次和一个资深的设计师朋友聊到产品价值时，我发现大家对同一个词的理解迥然不同。例如，他理解的产品价值是产品对用户的价值，我所指的产品价值则是包含了产品对用户的价值、核心竞争力、品牌价值、商业价值等的产品总体价值。也就是说，用户价值、用户体验都是产品价值的一部分。

第二，"以产品为中心"，不是以业务目标为中心，也不是以产品经理为中心，是以提升产品价值为中心。有的设计师一听到"以产品为中心"就会不由自主地愤怒和排斥，以为是在向业务方"投降"，其实不是那么回事。我们这里倡导的是"融合"而非"分裂"，不是谁屈从于谁，而是强调大家要朝着同一个正确的方向努力。

在这个过程中，谁更容易驱动产品价值提升，谁就更容易获得话语权。如果业务方在这方面能力强，给人的感觉就是业务驱动、主导一切。如果设计师在这方面的能力强，就很有可能由设计驱动业务，这种情况虽然不多，但也不是没有。

第三，"以产品为中心"和"以用户为中心"并不冲突。以前之所以要强调以用户为中心，是因为当时的市场正由卖方市场逐渐转变为买方市场，率先推行"以用户为中心"的思想，可以使产品更容易在市场中脱颖而出。所以说到底，"以用户为中心"也是为了在那个特定时期提升产品价值。但是凡事过犹不及，很多体验不错却缺乏商业意识的产品被后来者所取代，这种案例也屡见不鲜。过于执着"以用户为中心"的思想，在实际工作中也容易遇到阻碍。毕竟在现实情况中，我们自身的能力有限、资源也是有限的，我们不可能在任何阶段都能很好地满足用户需求。所以关键是要找到平衡点，既能通过良好的用户体验留住用户、提升产品价值，又不会因为在体验上面投入太多而忽略产品的其他重要方面。

第四，"以产品为中心"并不代表急功近利，我们一样可以充满情怀地设定长远、感人的"提升产品价值"的目标。"让天下没有难做的生意"不就是一个伟大的目标吗？要达成这个目标，我们必须要非常关注用户，但只关注用户，是不可能达成这个目标的。

需要注意的是，"目标"不应该聚焦在已知的范围内，而应该尽量探索未知领域。例如，"让明年的销量提升两倍""接入更多的客户"就是已知的目标；"打造电商版的Facebook"就是一个未知的目标。同样都是"提升产品价值"，层次却远远不同。只有目标足够远大，才有可能得到更好的结果。

第五，对人性的洞察、对文化的传承比以往更加重要。和传统方式相比，本书介绍的内容确实可以大幅提升工作效率，但这并不意味着我们就变成了冷冰冰的数字导向的机器。我的理解是：数据和技术永远不能取代人类的智慧和洞察，但它们可以帮助我们变得更有效率。就好像你想到了一个点子，通过数据和技术以及特定方法，可以帮助你的点子用更短的时间解决更多类似的问题。但如果你没有什么好的想法，机器也无法在此基础上帮助你更多。机器只能做分析，但不会决策。

不管数据思维、人工智能、商业意识多么占主流，我们也不应该放弃对艺术、美、人文方面的探索和追求。未来的产品是效率、文创、商业等因素的综合体。

总之，"以产品为中心"就是这样一个综合体系，它囊括了"以用户为中心"等诸多思想，也更适合目前及未来的互联网环境。

1.4   对从业者提出新要求

环境的变化、思维的变化，对产品设计人员的能力提出了更高的要求（见图1-5），具体可以概括为以下几点。

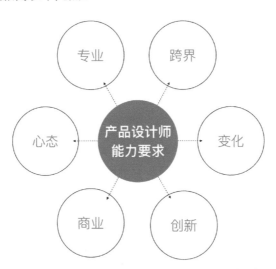

图1-5   时代变化对产品设计人员的能力提出更高的要求

- 专业：提升设计专业性（调研能力、数据能力、系统化的设计能力等）。

- 跨界：了解产品相关行业（如金融、教育等）；协同能力（跨岗位、跨团队、跨部门）等。

- 变化：驱动并拥抱变化（比如由注重有理有据的方法论转变为精益思维、由按部就班的设计改为小步迭代试错以及由体验导向转为商业目标导向）。

- 创新：提高创新和解决问题的能力。

- 商业：适应以目标为导向、以产品价值为中心的新思维。

- 心态：活出良好心态。

也许这些会让已经工作过一段时间的人感到迷茫和不知所措。也会让一些读者提出质疑：我是一名设计师，我把体验做好就行了，商业的东西应该产品经理负责，跟我没关系；或者我是一名产品经理，处理好需求和沟通就行了，定目标的事情应该是老板负责。

真的是这样吗？其实任何一个环节都不是割裂的，而是联通的。如果上游的思维变化了，那么一定会影响到下游的每一个角色。但是这些变化是逐渐发生的，不会有人突然宣布给你听。造成的结果就是，很多人觉得不对劲，觉得工作越来越不好做，却不知道问题出在哪里。

另外，很多人害怕变化，担心从前掌握的技能再无用武之地。其实不是这样的，过去的思维和技能并不是从此退出历史舞台了。恰恰相反，那些基础能力是非常必要的，是让自己迈上一个新台阶不可或缺的基石。

就好像迪士尼公司开始决定做三维动画的时候，并没有把二维动画师裁掉，而是免费送他们学习三维技术。半年后，那些愿意改变的二维动画师继续留下来和公司一起创造奇迹，而不愿意接受变化的动画师则另觅去处。因为对迪士尼来说，二维动画师依然是宝贵的资源。不管是二维还是三维，都必须深谙动画原理，才能制作出令人印象深刻的效果。

当然，不是所有人都像迪士尼公司的员工那么幸运，可以明确地知道接下来要学什么，以及应该怎么学。对于互联网从业者来说，由于环境发展速度过快，导致大家对未来非常缺乏安全感及掌控感。比如开发、交互设计、视觉设计、用户研究这些职位虽然是专业型的，比较稳定，但总会觉得没有成就感，比较难以把握主动权；产品经理虽然看似主动权多一些，但却觉得自己没有专业技能，对未来感到很彷徨。其实这些职位都需要扎根在某块具体的土壤中才能体现价值。比如对于用户研究这个职位，你可以研究金融领域，也可以研究教育领域，但是由于对行业不了解，你可能哪一部分都不会研究得非常到位，研究结果自然也比较难有说服力，其他技术型职位也是类似的道理。

所以不管是什么角色，其实都是一个位于中间层的不稳定位置。以前大家感觉可能不那么明显，因为那个时候产品类型较单一、大众化，产品设计过程粗放，所以不管什么角色都相对比较容易适应。而现在随着环境的变化，产品设计人员必须向上靠近业务，向下研究行业，向旁边扩展相关领域的知识，才能应对快速发展的时代。

例如，作为一个金融产品的产品设计人员，除了具备产品经理、设计师的基本知识和能力外，还需要向下不断精钻金融方面的相关知识，向旁边扩展产品设计相关的能力，这也就是我们常说的"T"字形人才（见图1-6），当然其他职位也是一样的。未来，能够触类旁通的"多面手"会比垂直领域的专业人才更加抢手。

图1-6　时代变化需要更多"T"字形人才

总之，时代的变化要求产品设计思维的整合、不同职能的协作、全新的工作流程和知识体系，懂得商业、内容、品牌、体验等的基础逻辑，外加大胆的创意及解决问题的能力。在这个背景下，产品设计师这一新角色应运而生。

第2章 互联网下半场的新角色：产品设计师

"产品设计师"这个概念，对于大家来说一定是熟悉又陌生的。熟悉的是，很多产品经理及设计师会自称"产品设计师"，因为他们已经具有比较综合的能力；陌生的是，大家对这个称谓并没有形成统一的概念，对它的理解，可谓是"一千个人眼中有一千个哈姆雷特"。

2.1 思维是1，技能是0

虽然"产品设计师"这个概念在行业内一直存在，但始终未形成大气候。值得庆幸的是，大家一直在朝这个方向努力着。早在2015年左右，阿里巴巴公司的设计高管就提到了"全栈设计师"的概念，并开始尝试在团队内部实践，用来更好地适应快速变化的大环境。这离产品设计师更近了一步。

"全栈设计师"（UXD，也有称"用户体验设计师"的），顾名思义就是不局限于具体的职能，具备较综合的能力，对产品的整体体验负责。这本来是一个很好的想法，但实践起来可能会变味，全栈设计师一不小心就变成了"技能合成师"，即同时具备交互设计师、视觉设计师、用户研究员专业技能的设计师（我个人理解是因为技能好考核、好标准化）。当然，技多并不压身，但我个人认为，全栈设计师最重要的是视野，即能够有效地运用综合能力或合作能力为更高的目标服务，而不是具有这些技能的叠加。

即使能做到这一点，全栈设计师也不等同于产品设计师，但可以视作一个重要的过渡岗位。

后来听说又有人提出"全链路复合化人才"等术语，其实只是强调全栈设计师参与到各个环节而已，和传统的设计思维并没有本质的区别。那么，"产品设计师"应该是怎样的呢？或者说，"产品设计师"应该满足什么样的条件呢？

2.1.1   产品设计师最重要的标志

看了上一章介绍的内容，大家可能会下意识地认为：对产品设计师的要求一定特别高，又要有思维，又要懂各种技能，还要创新……有几个人能做得到？

其实并没有那么难，虽然要求很多，但这里面是有优先级的。

我个人认为，对于产品设计师来说，最重要的是思维，其次才是技能。通俗来讲，思维就好比是"1"，而技能等其他要素相当于1后面的无数个0。随着经验的积累，0越来越多，你的个人价值也越来越大；但如果没有前面那个1，后面再多的0也于事无补。

这样比喻也可以：正确的思维相当于产品设计师的"灵魂"，它是最本质的部分；技能相当于产品设计师的"身体"，是外在的表象；对职业的热爱、洞察力、创意等相当于产品设计师的"心"，它介于二者之间，如图2-1所示。

图2-1　产品设计师的"灵魂、心和身体"

所以产品设计师既不同于懂设计的产品经理，也不同于全栈设计师（或用户体验设计师），更不是指全链路复合化人才。对于产品设计师来说，最重要的是思维的变化。

产品设计师最重要的标志是具有"以产品为中心"的思维及觉悟，即能够打破本位主义，站在产品角度（把自己当作对产品负责的角色，而非仅仅对体验、专业或其他单一方面负责），利用综合能力或良好的协同能力实打实地解决问题，提升产品价值。你可以理解为在这个过程中，设计等技能只是工具，是有助于将产品做得更好的工具。

正是围绕"以产品为中心"的价值理念，才有了进一步整合不同职能、知识体系、流程等的需要。

2.1.2　如何培养"以产品为中心"的思维

那么，应该怎样培养这种思维呢？这里说说我个人的经历吧！2009年，刚开始实习时，我称自己为"交互设计师"（单一技能）；2012年，我开始带领UED团队，那个时候我更倾向于称自己为"用户体验设计师"（综合运用），因为我需要考虑怎么打破职能壁垒，把交互设计师、视觉设计师、用户研究员的力量结合起来（协调不同角色），最大限度地提升产品体验和工作效率；后来在阿里巴巴公司的业务团队里，我学到了怎么站在业务的角度去思考设计，怎么更好地和业务团队合作；再加上后来短暂的创业经历，让我对这一切又有了更深入的思考和实践，我会从产品价值的角度审视设计。现在，我喜欢称自己为"产品设计师"，因为我现在更注重怎么站在产品价值的角度上，把产品设计、产品运营、交互设计、视觉设计、用户研究打通，尽量用最小成本产生最大价值，为产品服务。

当然，这条进化道路和时代背景相关，对于年轻一代的工作者来说，你们完全有可能一步到位，直接成为出色的产品设计师。

在工作中，我们最难打破的就是本位主义，这是各职能形成"以产品为中心"的思维最艰难的挑战。我们很难改变产品经理以KPI为导向、用户体验设计师以专业或体验为导向的职业习惯。但我们仍旧应该感谢行业细分带来的这个后遗症，因为它给了我们突破自己的机会。

如何打破本位主义？一方面依靠认知的改变；另一方面可以通过制度改变。改变认知非常困难，改变制度或行为要求相对容易，但需要管理层首先有足够的认知能力、前瞻性和勇气，也需要精英们通过自己的努力来争取。

最简单的制度就是不管什么角色，都围绕一致的目标和方向前进，而不再是产品有产品的方向（比如提升业务指标），设计有设计的方向（设计质量、用户体验测量指标、工作量、方法论研究等），互不兼容，如图2-2所示。

图2-2   各角色方向统一

可能有人会说，听起来很美好，实践起来可没那么容易。产品经理能不考虑KPI吗？设计又怎么量化？怎么和业务方统一方向？

其实现在时代已经不一样了，过去业务方总盯着短期KPI指标，甚至不惜损害长远的产品利益，更顾不上用户利益，所以特别需要"以用户为中心"的用户体验设计师去平衡这种情况。但现在，整个市场环境都在回归理性，业务方远比过去更重视用户体验、重视产品长期的健康发展；与此同时，设计师越来越重视业务数据而不仅仅是体验层面。环境的变化使得不同角色围绕"以产品为中心提升产品价值"的目标设计并进行验证成为可能。

2.2　从"问题驱动"到"价值驱动"

"以产品为中心的思维"，体现在行动中是什么样子呢？我们可以从打造"价值驱动"的数据闭环开始。

在工作中，表现出专业素养很重要，但专业的人未必能解决实际问题，能解决实际问题的人未必能提升产品价值。

这是因为，传统的设计方式是围绕现有问题提炼目标的，这个目标不一定和提升产品价值相关，这种非闭环的思路自然很低效。毕竟不是每个问题都是生死问题，都是现阶段需要解决的问题。如果业务方向改变了，所有的问题可能都不再是问题。

如果我们想提升效率和产品价值，就需要从传统的"问题驱动"思维转变成全新的"价值驱动"思维。当然，这并不是说解决问题不再重要，而是把解决问题看作提升产品价值的手段而非终极目标。

2.2.1 以终为始打造数据闭环

我们都知道，"问题"难以量化，但"产品价值"是可以通过数据量化的。如果我们把"提升产品价值"作为目标，就天然地形成了"以终为始"的数据闭环，如图2-3所示。

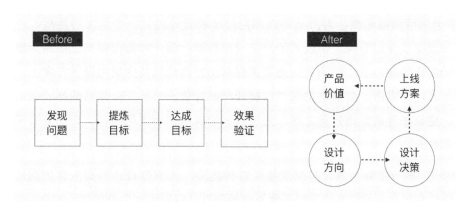

图2-3 设计方式的前后改变

《高效能人士的七个习惯》提到：以终为始是一种思考人生的方式，是一种遇事之后持有的态度和处理的方法。应该先问问自己想要什么结果，为了得到这个结果必须做些什么，也许会有更好的结果。

把最终想要的结果，即"提升产品价值"作为目标并加以验证，可以避免不必要的浪费，用最小代价创造最大价值。这才是最有效率的设计思维。

当然，这并不是在否定"发现问题－解决问题"的常规思路，也不是要弃用分析问题的方法，而是要重新考虑如何"定义其中的问题"。按照"以终为始"的思维，当实际的结果与预期的结果存在差距时，才是真正的问题所在。

综上所述，不管是产品负责人、产品经理、交互设计师、视觉设计师、用户研究员，甚至运营、开发等角色，都应该紧密联合在一起，为提升产品价值而努力，而不再是各自为战。指导并验证工作成果的目标应该是统一且客观的，那就是——可以阶段性体现产品价值的数据指标，并形成高效的数据闭环（当然设计指标和业务指标不一定完全一致，只要方向一致即可）。

2.2.2　贯穿始终的精益思维

如果说"以产品为中心"是产品设计师的标志，"以终为始的数据闭环"是产品设计师的外在行为，那么精益思维（用最小成本创造最大价值）就是产品设计师的内在行为逻辑。

学会运用精益思维，对产品经理和用户体验设计师是一个巨大的挑战。产品经理需要改变以往短平快、粗放式的产品设计思维，设计师则需要把更多精力放在量入为出的价值输出上，而非复杂的有理有据的方法论以及完美的设计方案上。想做到这一点，一方面，要坚决贯彻"以提升产品价值为目标"，并用数据验证；另一方面，建议在开始实施方案之前，先用较小的成本在小渠道验证，证明有效果以后再加大投入。

当然，不一定每个设计师都能接受这种挑战，大部分设计师尚未意识到这个问题，仍然有相当多的交互设计师乐此不疲地分享"问题驱动"的理念；视觉设计师则倾向于认为创意和美观是最重要的。对于前者，可以适当加强他们的商业和数据意识；对于后者，可以先引导他们走创意路线，当然这里所说的创意不是天马行空的发散，而是要建立在对业务深度理解的基础上，并获得实际的价值。

2.3　产品设计师vs.用户体验设计师vs.产品经理

为了让大家更好地理解产品设计师这一新角色，我把它和产品经理、用户体验设计师做了简单的对比，如图2-4所示。

区别	产品经理	用户体验设计师	产品设计师
价值观	以业务为中心 (短期KPI导向)	以用户为中心 (用户体验导向)	以产品为中心 (产品价值导向)
角色属性	提升短期KPI	支持需求	驱动产品价值长期提升
设计方向	不拘一格提升KPI (闭环)	收集问题并归纳设计目标 (非闭环)	以提升产品价值指标 作为目标并验证 (闭环)
实现方式	短平快，实用主义	追求尽善尽美	精益思维快速落地 (投入最小资源，创造最大价值)
衡量方式	短期KPI考核指标， 认为设计只提供支持	主观的体验设计指标， 认为设计不能被直接量化	客观的产品价值指标， 设计完全可以被量化
个人提升	沟通能力、执行力、 解决问题能力	强调专业技能及包装方法论 的能力，热衷复杂化理论	强调洞察、创新、解决问题的能力， 热衷发现本质规律简化理论
团队提升	帮助企业提升业绩	通过深入研究专业领域 加固学科壁垒， 为企业带来的价值不易体现	通过与其他角色的高度融合 打破学科壁垒， 提升效率降低成本， 从长远角度提升企业价值

图2-4　产品经理vs.用户体验设计师vs.产品设计师

当然，这绝不是在否认传统的产品经理、设计角色和思维，而是强调在此基础上和产品、商业思维深入结合，从而产生更大价值。

但现实情况是：产品经理往往被各种琐事缠身，且容易陷入产品角度，很难切换到用户角度；运营普遍追求快速解决问题，没有时间和精力做到极致；设计师普遍格局打不开，过于维护自己的角色立场，过于追求情怀（其实情怀和产品价值提升毫不冲突，且后者更需要理想和创新）。但我个人还是非常看好用户体验设计师转型为产品设计师，因为他们在多年工作中训练出了既严谨又活跃的思维能力，更容易站在中立的产品价值的角度上，有相对充裕的时间和耐心把事情做到极致，但前提是他们愿意做出改变。

产品设计师，总体上来说就是通过合理配置资源提升产品价值的角色。往大了说，可以是整个企业的负责人，因为他需要对产品价值负责，具体可以体现在把控产品生命周期、把控关键节点、工作方式和考核指标方面；往小了说，就是某个能够打破本位主义、有全局意识的产品经理或设计师。

2.4   推波助澜的内部环境

想成为一名产品设计师，自身的修养固然重要，环境的支持也同样重要。如果环境不允许，即使自己有心提升，也难免被现实打败。

前面说到了制度的问题。制度建设对内部革新、大幅提升工作效率确实非常重要。制度到位了，自然会带来行为的改变，进而逐渐带来认知的改变。

近几年，各大公司都流行"敏捷"战术，即不同岗位的人组成小团体，为同一个项目目标努力，如图2-5所示。

图2-5　敏捷型团队

我目前所在的宜人贷公司就于最近一年采用了项目制，打破原有的完全以职能结构为主的团队划分，把不同职能的人组织在一起，围绕同样的目标努力。现在我们超过50%的项目人数都在10人以内，虽然人数少了，但是整体产能大大提升，也给了很多新人成为项目经理并能独当一面的机会。

那么对于有几万员工，业务结构错综复杂的阿里巴巴公司呢？其实阿里巴巴公司早就意识到了这个问题，于3年前提出了"大中台—小前台"战略。这个理念来源于美军的"特种部队＋航母舰群"的组织结构方式。十几人甚至几人组成的特种部队在战场一线，可以根据实际情况迅速决策，并引导导弹精准打击目标。而精准打击的导弹往往是从航空母舰群上发射而出。这是针对目前公司内部部门日渐臃肿、整体迭代缓慢、灵活性不够、内部竞争激烈、缺乏创新的现状提出的。当然，如果你了解国外的情况，就会对这个理念绝不会感到震惊，因为国外很多公司只有几个人，却创造了等同于某些大公司几百人甚至几千人产生的效益。

　　然而，这种改变对大公司来说可谓是"知易行难"。因为人多了，管理成本必然随之升高，中低层管理者会使用各种条条框框的规则来降低管理成本，而这必然会抑制创新。只有在"失控"的状态下，创新才会发生；在一切都按部就班、有条不紊的情况下，创新很难发生。也许在目前这个时代，你所在的公司或者组织、团队，规模不大、灵活多变、管理扁平化，才是更值得庆幸的。

　　但不管怎么说，团队越来越精简、灵活是不可避免的大趋势，这为大幅提升彼此的合作效率提供了良好的内部支持。

第**3**章 产品设计师的认知进化路线

在第2章中，我们提到过，成为产品设计师最重要的标志是思维的改变，也就是要打破本位主义，形成"以产品为中心"的思维。

那么，如何衡量自己现在的思维程度呢？希望下面的内容能给你一些参考。

3.1 你处在哪个认知阶段

对于一个产品设计师来说，随着能力的提升，他的认知可以分为3个重要阶段。

● 阶段一：对自我的认知等同于特定角色。比如，我是一名交互设计师，我的任务就是支持好需求、提升体验、积累设计专业能力等。这个阶段的人往往具有较单一的专业技能。

● 阶段二：对自我的认知是要打破特定角色的边界，实现更大价值。比如，我是一名交互设计师，但我并不满足于做好本职工作，而是要尽最大努力提升产品体验。这个阶段的人往往在某一领域已经发展到了高级别（拥有良好的创新意识及综合能力），并对其他相关技能有一定的了解，可以综合运用，或和其他职能角色良好配合，以完成共同目标。

● 阶段三：完全打破本位主义，站在项目更高立场，从提升产品价值的战略角度考虑问题，驱动不同角色配合，推动业务发展。比如，为了最大程度地提升产品价值，有什么是我可以挑战的？机会在哪里？需要驱动哪些角色？

可能有人会问，这3个阶段是不是从初级职员到高级职员再到管理者的常规转变？实际上，这只是参考了我当年的情况，对于后面的新人来说，完全有可能弯道超车，快速实现转变。

我认识阿里巴巴一位P5的年轻设计师（P6是高级设计师），已经开始驱动产品经理等角色协助她完成一个创新且对业务非常有帮助的想法。所以职位和技能都不是最重要的，重要的是敢想敢干的精神以及高瞻远瞩的视野和格局。

当然，我并不是说阶段三一定比阶段一好。现在绝大多数的从业者都属于阶段一，他们是行业的中坚力量，对行业的快速发展有巨大的贡献，并且其中也不乏非常有梦想、有追求的人。重点是看你想要的是什么，如果你希望自己可以有更多的话语权，可以在工作中实现自我价值，看着经手的产品/项目取得更加辉煌的成绩，那么你也许可以认真考虑朝着阶段三去努力。

如何从阶段一逐渐进化到阶段三呢？这里我提几个重要的突破点，方便大家参考。

3.2　角色认同vs.打破边界

处于角色认同阶段的人大体上有以下几类，如图3-1所示。

图3-1　角色认同阶段

他们可能是勤勤恳恳的执行者，可能是经验丰富的资深人士，可能是专业的理论家，也可能是灵活多变的艺术家。人各有所长，我们很难找到一个全才，却可以通过打破角色边界、利用资源、运用综合能力达到1+1>2的效果。

如何打破角色边界呢？可以注意以下3点。

① 扎根具体业务/行业，以结果为导向，而不是过度关注基础执行、专业理论以及不能落地的创意。

② 学会协同。

③ 学会交叉思考。

在这里，我举两个例子加以说明。例子本身并不重要，希望大家可以明白背后的意义，做到举一反三。

早些年还在网易的时候，我发现设计团队中的交互设计师、视觉设计师、用户研究员各自为战，没有形成良好的配合，最终形成了"以产品经理为中心"的设计过程，如图3-2所示。

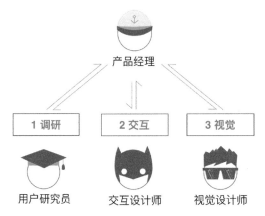

图3-2　以往的"以产品经理为中心"的设计过程

例如，产品经理找到用户研究员，请求帮忙做一些调研工作（当然这个环节经常被省略，产品经理也可以自己做些简单的调研），而用户研究员比较机械地按照产品的要求完成调研报告，发给产品经理，就去忙其他工作了；产品经理看完调研报告（往往是粗略浏览一下），拿出早就准备好的需求扔给交互设计师；交互设计师完成原型后，产品经理审核后发给视觉设计师。

发现这个问题后，我们尝试了新的流程，试图让各角色牢牢团结在一起，在这个过程中设计效率、质量都得到了提升。设计团队成了一个更有效的组织，不再是一个包含3个角色的团队名称，如图3-3所示。

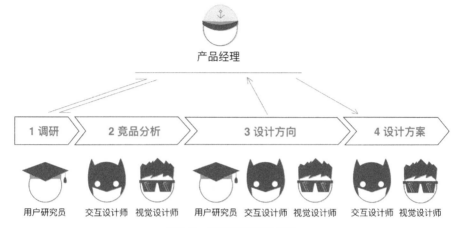

图3-3 全新的高效设计过程

用户研究员在初期主动和产品经理探讨调研需求，提供自己的专业意见；在调研过程中，交互设计师和视觉设计师就开始根据部分调研结果寻找合适的竞品做竞品分析；用户研究报告和竞品分析完成后，设计师们可邀请产品经理结合业务要求，一起定义出设计方向；最后交互设计师和视觉设计师根据设计方向开始设计工作。

在这个过程中，设计团队的工作是连贯的，前面的成果得到有效的延续；并且大家的思想和认识得到高度统一，而不是像之前互不通气，各自为营；设计师也不再被动应战，而是采取合作、积极主动的态度。在这个过程中，设计团队的成员和产品经理形成两股平衡的力量，而不再是以"产品经理为中心的设计"，最终形成商业和体验的平衡。

再举一个用户画像的例子。之前我们的用户研究员是这样做用户画像的，如图3-4所示。

存在的问题主要有：内容泛泛，重点不突出、与前面的调研报告脱节等。大家看完以后都觉得非常茫然，不知道如何应用在实际工作中。但是用户研究员并不觉得自己有问题——用户画像都是这样的啊，它的建立是为了让你对用户有代入感，更了解用户，不是为了具体落地的。

关爱家人型

"我的责任，就是保护家人"

目标：为家人购买适合她们的保健品

　　平时会关注家人的健康状况，一般会根据她们各自的症状来选择对应的保健品，所以功效还是最重要的，如果是严重的情况，还是会去医院咨询医生。偶尔会受到电视广告的影响，比如善存和钙尔奇，更多的时候还是会去百度一下，看看大家的推荐，然后再根据自己的经验及朋友的建议选择适合的保健品。不会在意价格，还是功效最重要。

购买决定：

　　有的时候会受到家人的主动要求，购买某些保健品。做购买决定时还是比较慎重的，当自己不了解时会去搜索更多的信息，会去咨询专业人员，会对比更多的产品和评价。

关注：

　　目前在药店的情况比较多，偶尔也会选择自己信任的网购平台购买保健品，主要是担心商品质量，在购买之前会做更多的准备工作了解要购买的商品，不在意送货速度，网站的服务保障也不会影响自己的购买。

* 赵鹏
* 男 35岁
* 家庭成员包括太太、儿子、女儿、父母
* 投资行业
* 网购经验和类型较丰富
* 主要网购网站：淘宝、京东、1号店

图3-4　初始用户画像

　　但是我们有没有可能打破常规，做得更好一点呢？其实有的，我们只需要考虑产品经理、交互设计师、视觉设计师的诉求，然后和现在的内容结合一下即可。

　　修改后的人物画像是这样的，如图3-5所示。

关爱家人型

"我的责任，就是保护家人"

人物描述

　　平时会关注家人的健康状况，一般会根据她们各自的症状来选择对应的保健品，所以功效还是最重要的，如果是严重的情况，还是会去医院咨询医生。偶尔会受到电视广告的影响，比如善存和钙尔奇，更多的时候还是会去百度一下，看看大家的推荐，然后再根据自己的经验及朋友的建议选择适合的保健品。不会在意价格，还是功效最重要。

　　有的时候会受到家人的主动要求，购买某些保健品。做购买决定时还是比较慎重的，当自己不了解时去搜索更多的信息，会去咨询专业人员，会对比更多的产品和评价。

　　目前在药店的情况比较多，偶尔也会选择自己信任的网购平台购买保健品，主要是担心商品质量，在购买之前会做更多的准备工作了解购买的商品不在意送货速度，网站的服务保障也不会影响自己的购买。

* 赵鹏
* 男 35岁
* 家庭成员包括太太、儿子、女儿、父母
* 投资行业
* 网购经验和类型较丰富
* 主要网购网站：淘宝、京东、1号店

用户目标

购买目标：
希望能够"对症下药"，为家人购买适合她们的保健品（理性消费，目标明确）

网站要求
* 提供专业的导购服务
* 提供个性化的推荐内容
* 提供对比功能，便于竞品分析

关注点
购买的时候关注保健品的功效、有无副作用适用人群、成分、品牌、价格

痛点
经常会不知道买什么样的产品更合适，不知如何选择，担心吃了没有什么效果，不能起到预防保健的作用

图3-5　修改后的用户画像

不仅内容详细、重点突出，涵盖了前面调研报告中的重要内容，还包含人物特点、用户目标、对产品的要求（产品功能）、关注点（产品内容）、痛点（差异化的机会）等，对产品经理、交互设计师和视觉设计师都有非常重要的指导意义。

相信通过这两个例子，大家对如何打破角色边界会有一个大概的认识。当然，我举的例子有一定的局限性且较简单，希望大家在实际工作中有更多体会。

3.3　换位思考vs.无缝对接

刚才的用户画像例子，其实就是一个关于打破角色限制、换位思考的例子。的确，用户研究员从一开始学习到的专业知识就比较偏概念，并不包括怎么落地。我面试的时候也问过一些用户研究员的问题，面对用户研究结果不好落地这种现状怎么办？很多人回答：没办法，就是这样的。大部分人也不觉得这是个什么问题：反正我给的结果是专业的，别人能不能用好，就不是我的事情了。

所以专业知识、技能是一方面，通过换位思考的方式让它们落地、变成更有用的东西，是另外一件事情。

然而换位思考仅仅是站在他人角度考虑问题，而要做到能和其他角色无缝对接，则需要真的"变成他"，这是做到"打破本位主义"的前提条件。如果是对一个你了解的人，"变成他"也许并不难，难的是你变成一个自己不了解的人。

就思维模式来说，偏重体验层面的产品经理、交互设计师、视觉设计师、用户研究员之间也是有较大差异的，但大家相对来说比较了解彼此的工作，做到换位思考还不算太难。但有些思维差异则可以说是天壤之别，比如用户体验思维和业务思维。在这种情况下做到换位思考并不容易。

用户体验思维与业务思维的区别如下。

用户体验思维注重体验问题，关注细节，关注具体的方法和方案，比如：

① 用户情况、产品需求；

② 从使用体验看产品问题；

③ 解决问题的思路；

④ 设计流程；

⑤ 设计方法；

⑥ 具体怎么做的；

⑦ 方案是什么样的；

⑧ 怎样用设计指标验证。

……

业务思维更关注市场格局、行业情况、数据、业务，关注能落地的结果。

① 市场的情况如何？用户情况如何？

② 业务状况如何？最大的问题是什么？最紧急的事情是什么？

③ 需求怎么来的？

④ 同行业是什么做法？

⑤ 观点是否有足够的数据支撑？

⑥ 优先级怎么判断？标准是什么？

⑦ 是否可执行？执行计划是什么？

⑧ 结果怎么样？如何带来业务增长？

……

　　显然，设计师更像个手艺人，而业务方是商人和包工头的结合体。业务方不关心手艺人怎么制作工艺品，也不关心具体的专业术语是什么，他们更关心工艺品有没有市场价值、如何把他们生产出来、能不能按时交付等。那么作为一个手艺人，如果把自己制作工艺品的专业过程、技巧描述出来讲给商人或包工头听，他们不会有太多感觉，可能还会觉得太不接地气；反过来，如果把商人赚钱的那套思维讲给手艺人听，大部分手艺人可能会觉得充满铜臭味，太不文艺……

那么，怎样做到和业务方用共同的语言来沟通，消除职能间的差异呢？这里举一个小案例。

我曾经设计了一个自认为很好的方案，但这个方案执行起来难度有点大，时间也长，那么我需要让业务方尤其是业务主管认可这个方案并大力支持，我应该怎么表述方案呢？

一开始我是这样组织PPT的，如图3-6所示。

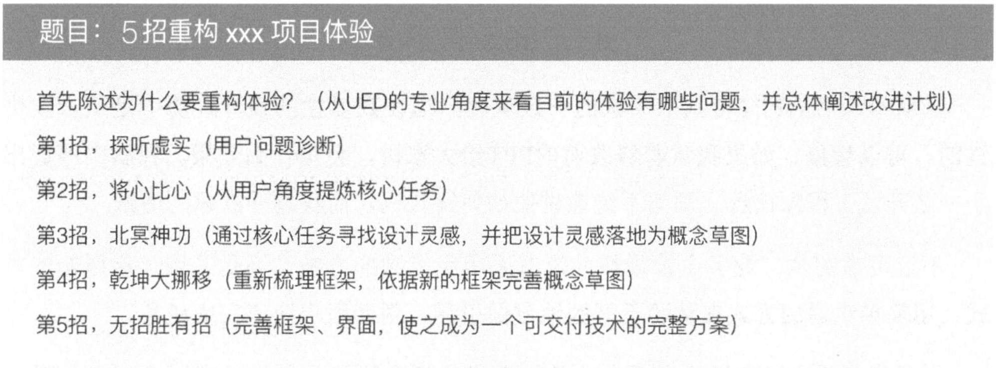

题目：5招重构 xxx 项目体验

首先陈述为什么要重构体验？（从UED的专业角度来看目前的体验有哪些问题，并总体阐述改进计划）

第1招，探听虚实（用户问题诊断）

第2招，将心比心（从用户角度提炼核心任务）

第3招，北冥神功（通过核心任务寻找设计灵感，并把设计灵感落地为概念草图）

第4招，乾坤大挪移（重新梳理框架，依据新的框架完善概念草图）

第5招，无招胜有招（完善框架、界面，使之成为一个可交付技术的完整方案）

图3-6　修改前的PPT内容

为了让业务方能更感兴趣，我把整个设计过程化为5个招式，并为每一个招式冠以名称，增加趣味性。当时我以为这样就是站在对方的角度考虑问题了，现在看来这只是一种非常浅层的做法，并没有什么实质的意义。因为这里的设计依据更多来源于设计师自己的经验及专业的方法，完全是设计师的"独角戏"，这很难打动业务方，也很难引起共鸣。就好像工匠师把自己制作工艺品的思考过程讲给商人听，商人多半不会感兴趣；如果医生把自己关于某疾病的分析、思考、专业经验讲给病人听，病人也会因听得一头雾水而失去耐心。

我之前搜集了很多产品经理或运营人员写的PPT，学习他们的思路，感觉他们确实更高瞻远瞩一些，论点有充足的依据，重视数字，重视可执行性和结果。在这个过程中我感到自己学到了很多。所以我重新整理了一下思路，试图用对方的思维来解释自己想表达的方案，如图3-7所示。

题目：xxx项目易用性改进方案

首先分析导致问题的关键所在（根据产品业务和结构，分为A、B两大模块，其中A模块问题最为严重）

第一，问题现状（分析模块A问题现状:总体发现127条问题，提炼成4大问题并分别说明问题严重程度）

第二，如何改进（从用户体验角度说明针对这4大问题，如何破解）

第三，场景及任务（改进后的客户使用场景及任务，与线上繁琐的实际操作对比）

第四，设计方案（demo展示）

第五，如何实施（分阶段实施计划）

图3-7   修改后的PPT内容

重新组织后的PPT得到了大家的一致认同，这在我以往的设计经历中是从未发生过的。可以想象，如果我拿着修改前的PPT给大家讲，会是什么效果。我脑中浮现出了一名开发工程师在台上滔滔不绝地讲他如何写代码，而我昏昏欲睡的情景。

不过可惜的是，业务主管最终并没有采用我提到的方法，而是采用了最原始的方式：用简单粗暴的方式在体验不好的地方做引导，帮助用户快速完成任务。

当时我感到难以理解。但后来业务主管说的话点醒了我，并让我至今难以忘怀："做事情之前要考虑做这件事的意义，我为什么突然让你们优化？我知道体验一直很糟糕，但这对于一个To B产品来说并不是生死问题。下个月我们有一个大型活动，会有大量用户涌入，如果这些用户不能顺利完成任务，就可能影响到产品的生死。你的方法是不错，但周期要多久？能赶在活动之前上线吗？需要多少人力和代价？这些你考虑过吗？我们不是在评选最优设计方案，而是要学会判断在当前时刻，什么样的方案是最有利于业务的。"

为什么我要讲这个例子？因为它非常完美地阐释了用户体验思维和业务思维的区别。如果设计师不理解业务方的思维，就会在和业务方的合作中处处碰壁，找不到设计师的价值感；如果业务方不理解设计师的思维，那么就会浪费很多时间，等到设计师完成方案后又会觉得不合适，无法采用。

所以，换位思考并不是想象中那么容易，而是建立在真正了解对方思维习惯的基础上。如果产品经理和设计师能消除这种思维的隔阂，那么工作将会变得更加高效，彼此的成就感也会更高。当然，这并不意味着设计师的专业能力没有意义，也不意味着需要为了妥协短期的业务目标而牺牲设计水准，而是促使设计师和业务方的同事一起，为了一个共同的使命和目标，适当调整设计节奏，更好地服务于产品，让产品可持续地发展下去。

3.4 自我驱动vs.推动业务

能够打破角色边界、换位思考，还能够和其他相关角色无缝对接，这样的人必定有着极高的自我驱动力。但并不是拥有了这些条件就一定能够打破本位主义推动业务了，也许你已经非常优秀了，却还是一个偏支持的角色。

这就不得不提到"主人翁精神"。只有具有这种精神，才能够真正地"打破本位主义"。

可能大家会觉得，"主人翁精神"不就是"自驱力强"吗？实际上，自驱力强的人并不一定有"主人翁精神"。即使是自驱力很强的人，也容易在无意识的情况下依赖别人，导致没有尽到自己该尽的责任。

举个例子，如果你是一名产品经理，难免有时会想："需求写得不是特别清楚也没关系，反正设计师很专业。"如果你是一个设计师，难免有时会想："产品经理给的需求有问题，我得等他想好需求再说。"

再举一个我自己的例子。多年前，我在网易做C端电商类产品，那个时候市场竞争极其惨烈。背靠着大公司流量以及严苛的KPI压力，各条线的产品都需要运营推广活动来引流、提升活跃度，产品也需要不断提升体验来留住客户，所以设计资源永远都不够用。我每天都和组员忙得不亦乐乎，充分感受到了自己的价值及成就感。项目多，自然就有很多创新和沉淀机会，很容易能感受到专业方面的成长。

后来，我在阿里巴巴开始做一款寻求业务模式创新的、面向专业人士的大数据产品。我们不仅是一个创业团队，更是一支革命军，梦想着颠覆一切、重建生态，每天不断地试错、不断地调整、不断地寻求对外合作、不断地寻求更多资源……在这种情况下，设计师从原先的众人追捧到被打入冷宫。在模式都没想清楚、客户都没见着影、资源都没着落以及每天面临生死的时候，谁会在乎界面好不好看、操作好不好用？于是没有人再对我们提出要求，没有人再提需求，没有人关注细节体验，每天面对的都是听不懂、看不懂的火星术语和界面。那个时候感觉非常受挫，专业方面的提升也几乎处于停滞状态，每天都过得非常迷茫和空洞。

但就是在这种极端的情况下，我开始真正向一个产品设计师迈进。我发现产品经理的痛苦并不亚于我：他们也会迷失方向，为找到出口而苦苦挣扎；他们也需要一些专业的方法来帮助自己理清业务思路，更好地前进。有一天我突然灵机一动，想到如果能把产品经理的视野、商业敏感度、判断执行能力和设计师专业的设计、推导能力有效地结合起来，将会产生怎样强烈的化学反应？后来通过探索、沉淀这种结合之道，我得以更加从容地面对种种不利情况，并帮助业务成长。

所以我认为"主人翁精神"和"自我驱动力"最大的区别在于：前者可以在没有任何被动需求的情况下主动发现需求；而后者是在接到需求后，可以在不被督促的情况下自愿地把事情做好，甚至超出对方预期。所以，你可以说某位创业者是个主人翁，但一般不会说他有自我驱动力。

可能大家会奇怪，为什么你要写这么多和实际方法无关的东西。因为，决定你能否成为产品设计师的关键就在于认知。如果不能打破职能边界，还把自己定位为一个具有单一职能的角色，比如"我是设计师"或"我是产品经理"；如果没有基本的换位思考的能力，总以自己的角色为中心；如果没有主人翁精神，只是整天钻研专业细节，那么即使学习到了具体的操作方法，也很难贯彻执行，自然就无缘成为一名真正的产品设计师。

第二篇
顺势而为　改变命运

有正确的认知，能够打破本位主义，以提升产品价值为目标，是成为产品设计师的必要条件。但认知很难通过培养获得，因为这不仅取决于个人的悟性，还有一定的偶然性。拿我自己来说，认知的改变过程是相当缓慢的，而且总是伴随着一些特定事件的发生。总体来说，改变认知虽然最有效、最本质，却也是最不可控的。

制度的改变帮助我们朝这个方向迈进了一大步，却也依然是不够的。刚入职宜人贷时，公司刚开始实行项目制不久。那个时候视觉主管对我说："领导要求设计结果要量化，体现对业务的价值。这怎么可能呢？我完全不知道该怎么量化。"可见当时，虽然领导层对这方面已经有了深刻的认知，但是下面的人却并未深刻领会，也找不到适当的方法来执行。

那是不是就没指望做出改变了呢？当然不是。过去，虽然少数人有这样的认知，却缺乏"以产品为中心"的相关方法可供参考，不知道该如何落地。但是现在有了。在这一部分，我会系统性地介绍不同产品阶段的具体设计方法。学习并贯彻执行，不仅有可能改变产品的命运，还有可能改变团队的命运（快速批量地培养产品设计师），以及个人的命运（实现个人价值）。

这套方法完全建立在"以产品为中心"的认知基础上，它不是具体的设计技能，而是包含引导式的思维，强调从源头，即更高的格局和视野出发，建构解决问题的方法。我们看一个方案推导对不对，往往不是先看具体的推导细节，而是看它的出发点对不对、方向错没错、高度够不够。这是高手和新手之间最根本的差异。这里我不会讲具体的设计细节，比如涉及线框图或者界面设计原则之类的，如果有需要的话大家可以查看《破茧成蝶——用户体验设计师的成长之路》或者其他设计类书籍。

由于这部分内容结构性很强，逻辑非常严密，所以肯定不会看一次就能完全记住或充分吸收。建议大家先阅读一遍了解整体思路，之后在工作中把这部分当成工具或字典，在遇到问题时随时查看，随时实践，会更有效果。

第4章 不同阶段的产品设计奥秘

4.1 产品设计的5个基本步骤

产品设计的整个过程，大体可以分为用户分析、产品目标、产品规划、产品设计和跟进迭代5个部分。

从字面上理解并不困难：首先圈定目标用户群体并对其进行分析，围绕用户诉求确定产品目标（即为什么要做这个产品，预期达到什么样的结果），根据产品目标进行功能/内容/流程/结构方面的规划，完成具体的产品设计方案（界面元素/操作逻辑/视觉设计等），上线后跟进验证效果。

这5个部分并不是孤立的，而是彼此互相联系、环环相扣的，如图4-1所示。

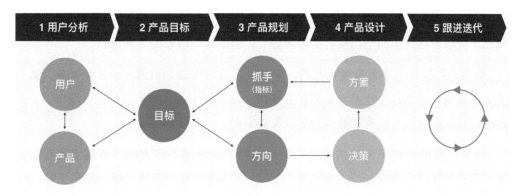

图4-1 产品设计的5个基本步骤

4.1.1   用户分析

产品很难满足所有用户的需求，所以我们一开始必须圈定部分人群作为我们的目标用户。然后，我们需要对这些用户进行深入地分析：了解用户的痛点、诉求；最后，考虑产品或服务该如何满足用户需求，以及产品给用户带来的价值。

举个例子，某上门服务类产品一开始先从某城市的市中心区域做起，以这个区域的年轻爱美女性作为目标用户。通过对目标用户进行问卷调研和深入访谈，发现这类用户普遍有美容、美甲的需求，但她们既觉得去美容院太麻烦，又担心被骗，还很担心技师的水平。所以产品负责人决定签约一批经验丰富的美容、美甲技师，直接为用户进行上门服务，省去了中间商的费用；此外鼓励用户消费完对服务进行评价，帮助其他用户做参考，免去后顾之忧。

通过研究用户的痛点和诉求，我们推导出了产品应该提供什么样的服务，并由此反推出产品带给用户的价值——提供高质量且价格优惠的上门美容美甲服务。

4.1.2   产品目标

在产品设计过程中，我们的目标只有一个，就是全面提升产品价值。而在产品的不同阶段，为了达成这个目标，我们的关注点是不同的。

就刚才那个例子而言，关注点是要测试产品假设，即"为某市中心的年轻女性提供高质量且价格优惠的上门美容美甲服务"，验证这一假设是否靠谱。

如果最终验证这个假设是可行的，那么关注点将变成如何通过差异化竞争，赢得更大的市场。比如这个产品该如何扩张规模，从某市中心区域扩展到更多城市、更多地区，并且如何应对现有的竞争对手以及后来者。

如果产品经受住了市场的考验，最终击败了竞争对手，占据了市场上的有利位置，那么关注点将变成如何创造更多利润或如何提高市值以回报投资人和员工等。

也就是说，产品处于不同的阶段，有不同的关注点，但都是为了达成"提升产品价值"的总体目标。我们也可以把这些关注点理解为阶段性目标。

4.1.3 产品规划

目标清晰了，接下来怎么做？为了达成目标，我们可以产生无穷多的想法，具体该怎么判断？这就需要一个抓手。

在产品初创期，由于还没有实际的用户和相关数据，所以可以先围绕假设定义一个最简单、最关键的用户任务，比如"用户成功地在产品中挑选到心仪的美容技师并预约"。如果用户能够完成这个任务，就证明产品假设是正确的，也能够验证基本的产品价值。因此这个任务就是一个有力的抓手，帮助我们聚焦想法，避免偏离方向。

在产品中后期，由于已经有了实际的用户以及大量数据，所以这个抓手可以是对应产品目标的指标（也可以理解为阶段性的产品价值指标）：比如市场占有率、复购率、营收、利润率等。

指标可以用来验证方向和想法，因为指标比产品目标更具象、更直接。比如某产品经理想在产品中增加签到功能，那么这时只需要问一句：这对提升复购率（假设复购率是对应当前产品目标的指标）会有帮助吗？答案就会立见分晓。

指标还可以用来指导方向和想法。产品目标往往听起来很宽泛、不够聚焦，而对应的指标不仅具体，还可以给人更多的发挥空间。例如，某产品的目标是要做"连接年轻女性和美容技师的平台"，并在这个领域里占领第一的位置。这个目标是否会让你觉得很迷茫，不知道该从何做起？但如果我告诉你对应的指标是提升现有人群的复购率，你是不是就很清楚接下来该怎么做了？这个目标不仅聚焦，还足够开放（没有要求具体要做什么），因此大家更容易展开想象，提出更多创新性的想法来提升指标。

需要注意的是，指标是数字化的目标，也是我们进行产品设计的抓手，所以本质上应该是围绕目标而非指标工作，千万不要本末倒置，为了实现指标而忽略了背后的目标。

小结一下，前3个步骤偏业务层面，它们可以组合成一个整体，如图4-2所示。

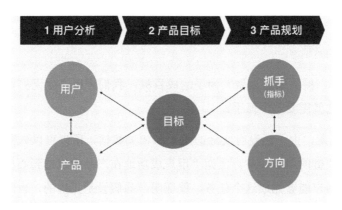

图4-2　业务规划

　　这是传统设计师非常容易忽略或理解得不够深入的部分。虽然大部分高级设计师也懂得结合用户分析和业务诉求得到设计目标，再进行后续的设计，但是却容易忽略当前阶段的产品目标（验证假设？击败竞争对手？创造更多利润？）以及对应的产品指标。这就好像只看到了森林里的某棵树木，却忽略了这棵树的成长背景，在设计过程中难免受到上游的局限和制约，也难以从业务角度来验证设计价值。

　　产品经理则容易忽略产品的整体目标，只从自己KPI的角度提出产品诉求给设计师，同样也会出现以偏概全的问题。产品负责人则容易脱离对实际用户的了解，盲目做出判断。

　　所以不管是产品负责人、产品经理还是用户体验设计师，都需要了解产品在不同阶段的总体目标，并打通各自的知识体系，达到认知上的统一，才能起到1＋1>2的效果，更好地解决问题。

4.1.4　产品设计

　　顺着抓手，即最关键的用户故事，我们就可以提供对应的若干设计方向。然后对这些设计方向进行筛选，最后产出供测试的方案原型，再验证是否与抓手相符合。

　　还看刚才那个例子：抓手是"用户成功地在产品中挑选到心仪的美容技师并预约"，围绕这个任务，我们可以产出若干设计方向，通过评估，选出最满意的方向制作原型并进行测试验证，看用户是否能成功地在产品中挑选到心仪的美容技师并预约。

在产品中后期，我们围绕产品价值指标发散设计方向，再决策如何取舍设计变量并发布，用指标验证发布后的结果。

很明显，这个步骤和上一个步骤合在一起刚好形成一个闭环。这个闭环就是我在第2章提到过的"以终为始的数据闭环"，如图4-3所示。在这里我们详细分析一下，它和传统的"发现问题—提炼目标—达成目标—效果验证"的非闭环流程相比，有什么优势？

举个例子，在改进某产品介绍页面时，我们先收集各方的反馈意见，从中提炼出以下几点：产品页面排版布局混乱、介绍信息太少、重点不清晰。于是我们把设计目标设定为：突出该产品的资质背景信息以增强用户信任感。为了实现目标，交互设计师更改了布局和信息内容，视觉设计师随后采用了全新的设计风格。然而新方案上线后，转化却没有得到提升。

图4-3　产品实施

后来经过分析，我们发现原有页面虽然有很多缺点，但也有优点。比如，虽然内容混杂、颜色过多，却因颜色温暖而带来接地气的感觉；而修改后的页面虽然改进了重点信息不突出的问题，却因颜色过于高冷而失去了原有的亲切感。

假设这次改动后数据确实提升了，也很难验证到底是什么原因提升的，因为我们不仅改动了排版、信息，还改变了颜色和整体风格。由于不知道数据提升的具体原因，我们就很难持续地提升数据。

所以，通过传统方式进行设计，可能存在下列问题：

● 目标难以被量化；

● 设计方案存在主观性；

● 业务数据提升具有一定的偶然性，成果难以复制；

● 难以持续提升数据；

● 只能解决现有问题，不利于创新。

而现在这个闭环的设计流程是怎么做的呢？

首先，我们设定与提升产品价值相关的指标；然后提出若干可以提升指标的方向假设；选取其中最有可能提升指标且代价最小的假设，设计出方案，再进行指标验证。如果数据提升了，则说明这个假设成立，可以在此基础上立刻尝试其他的假设；如果数据没有提升，则说明这个假设不成立。我们每一次测试过后都会记录结果，这样就知道什么情况下会导致数据提升，什么情况下会导致数据下降。

回到刚才那个例子：我们先设定该页面的指标为转化率。围绕如何提升转化率这个问题，大家贡献了很多大胆的想法。有人提出减少操作步骤；有人提出增加用户消费记录；还有人甚至建议去掉这个页面。这么多想法选择哪一个呢？当然是选择最有可能提升转化的，然后依次进行测试。

这种方式帮助大家打开了思路，而不局限于解决表面的问题。

综上所述，闭环设计流程的好处如下：

● 指标和业务关联，清晰可量化；

● 提出提升指标的若干假设，逐一测试验证某一假设；

● 提升原因非常明确，成果容易复制；

● 可持续提升指标；

● 驱动创新。

可见，指标前置并形成数据闭环的设计流程，与传统的非闭环设计流程相比，大大提升了效率及质量，并且验证了绝大多数设计师认为不可能的"设计可以被量化"的观点，提升了设计的价值和地位。这些洞见均建立在前期对产品深入理解的基础之上。

4.1.5 跟进迭代

从短期来看，第四步产品设计完成后，需要用第三步的抓手及时验证设计效果。它衡量的是某一次的设计成果。

从长期来看，经历无数次的产品迭代是为了达成第二步的目标，即产品方向是否越来越明确？是否逐渐占领了市场有利位置？营收及利润是否在不断增加？它衡量的是一段时期的产品设计成果。

从更长时期来看，如果一直没有达成目标，且和目标越来越远，那么就需要回到第一步，重新制定相应的战略，比如改变目标人群，或者对应的产品或服务等。

可能有读者看到这里会觉得内容太多不好消化。没关系，这里我只是用简短的篇幅概括一下整本书的内容，后面会详细讲解。

这5个基本步骤是产品设计方法的基础。但我相信很多产品经理或设计师对此并不满足。毕竟这个流程看上去太简单、太高度概括了，不可能解决所有的产品设计问题。

的确，实际的产品设计方法要复杂很多。从前文中相信大家也能够看出，同一个步骤在不同产品阶段下的运用方式是不同的。为什么会这样呢？这还得从产品阶段的差异性上说起。

4.2　产品成长的3个基本阶段

"我们的产品刚上线不久就取得了非常亮眼的成绩，设计师却说在这里没有成就感，不明白他到底怎么想的？"

"我特别想把用户体验做好做极致，但我们这儿是初创公司，各种不规范，只能做到简单粗暴，我觉得根本学不到东西。"

"人家都美慕我在知名大公司做设计，做的还是千万级用户的重点项目，可谁能想到我们啥也干不了，只能调调线的粗细什么的。"

……

从上面这几段抱怨以及本书开篇中提到的产品自白，大家应该可以感受到产品在不同阶段的巨大差异性。

可目前却很少有人把产品阶段的特性和产品设计策略有意识地联系在一起。设计师就更不会去考虑这些，基本上面对什么阶段，都在套用类似的设计方法。这并不利于在现今的环境下帮助产品快速提升价值。

所以这里有必要为大家介绍产品生命周期的概念，帮助大家进一步了解产品不同阶段的差异以及对应的设计策略。此外，对于项目组成员来说，了解产品生命周期的概念是最有效地把大家紧紧拴在一起的方式。可能你会觉得，真正影响到设计方法的是产品类型，比如To B、To C，手机端、PC端，社交类、工具类等。产品类型不同对设计方法确实有一定的影响，但经过多年的项目经验积累，我发现影响最大的因素依然是产品生命周期。因为产品类型只是形式上的区别，而产品生命周期是本质上的差异。

产品生命周期的简单介绍如图4-4所示。

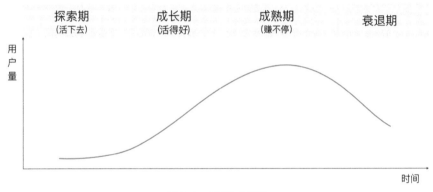

图4-4　产品生命周期

1. 探索期

标准的叫法应该是引入期，这里为了方便大家理解，我称之为探索期。探索期即产品初创期，或是产品正在寻求新的业务转型机会，是典型的业务导向阶段。

这个阶段的特点是：用户数量少；竞争对手少；产品品种单一、不稳定；进入行业的壁垒低。这个阶段的产品诉求是让产品活下去。

2. 成长期

业务逐渐稳定下来后，产品会进入高速成长的阶段。

这个阶段用户量开始显著增加；竞争对手数量增加，竞争开始变得激烈；进入行业的壁垒提高。这个阶段的产品诉求是通过扩大规模占领市场；通过差异化的产品定位占领用户心智；让产品在激烈的竞争中能保持领先位置，能活得好。

3. 成熟期

产品成长到一定阶段，增长逐步放缓，进入稳定阶段。

这个阶段用户数量还会增加，但增长率明显降低，趋于平稳；产品品种较多；进入行业的壁垒高。这个阶段的产品诉求是优化细节、降低运营成本，让产品功能日臻完善，给用户带来良好的体验，追求利润最大化。

4. 衰退期

产品开始走下坡路，用户数量减少、活跃度严重下降。这个时候产品可能要考虑转型，这样就又回到了探索期。所以这个阶段不再做重点讨论。

4.2.1 探索期：我要活下去

在探索期，最重要的诉求是找准产品方向，活下去。产品设计目标是"掌控产品方向"。

我经历过一个失败的"从0到1"的项目，这个项目里集中了当时全公司最优秀的产品经理、设计师、开发工程师等。大家当时士气很旺，力求将每一个细节都做到完美。但项目很快就以失败告终，因为一开始方向就不对，且没有做好快速调整方向的准备。

我还经历过一个创新项目，这个项目走了另一个极端：产品负责人特别喜欢变方向，往往是开发工程师刚加班加点地把代码写完，第二天方向就改了。这种做法也是不可取的，虽然探索期的产品方向改变是常态，但也需要经过一个合理的从假设到验证的过程。

另外，有些产品已经发展了一段时间，积累了一些用户，但考虑到长期发展，也不得不做出艰难的决定进行转型。这种情况在探索期是非常正常的。

就连我们现在耳熟能详的不少知名产品，也经历过多次转型。比如团购网站鼻祖Groupon最初的商业计划是为慈善机构募捐；Flickr刚创办时是个网络游戏平台；Twitter一开始做的是将电话转成播客……

所以对于探索期的产品，不应该把过多精力放在产品细节打磨上。产品设计策略是用最小的成本验证方向是否正确，如图4-5所示。

图4-5   探索期产品目标及设计策略

对于产品设计师来说，这个阶段最应该关注的是：产品是否被用户需要？可以通过访谈或者观察来判断产品的价值（主要依靠定性的分析，而非具体的某个指标），并用最简单的形式传达产品方向，不需要过度设计。当然，在此期间，产品方向可能会经历反复变化，所有人都需要做好心理准备。

之前没接触过探索期产品的设计师也许会不太习惯，认为这样做设计没有意思，体现不出价值。实际上万事开头难，这个阶段最考验大家对商业、对用户的敏感度，以及实际解决问题的能力。比如在资源极其有限的情况下，如何推进产品上线？对不了解的业务，如何快速上手？没有竞品时怎么做竞品分析？没有现成的用户怎么挖掘潜在用户需求……这些既是痛苦的课题，也是成为优秀的产品设计师必备的基础能力，更是提升全局视野、横向学习的好机会。

4.2.2   成长期：我要活得好

在成长期，最重要的诉求是通过差异化的产品定位占领用户心智（为谁解决什么问题、竞争对手比优势在哪里等）、通过扩大规模占领市场，让产品活得好。产品设计目标是"明确差异定位"。

由于在探索期已经明确了产品方向（即为谁解决什么问题），所以成长期主要关注的就是竞争优势。很多产品本来发展得不错，但是最终在竞争中失败，就是因为没有找到自己的竞争优势，而是热衷于跟风补贴、价格战等，最后把自己给拖垮了。

最典型的是2011年的"百团大战"，当时有200多家团购网站挤进战场，包括国外的团购始祖Groupon，后来以美团获胜告终。美团之所以能成为行业霸主，有一个很重要的原因是：当其他团购网站都在疯狂融资、做广告、扩大规模、补贴，不顾巨额亏损争夺用户抢占市场时，美团却独树一帜，不声不响地笑到了最后。表面上看是因为美团懂得平衡用户需求和商业价值，没有大肆投钱做广告，保持着不错的现金流，并且注重改进功能提升体验，赢得了用户的信赖。实际上这些并非决定性的因素。

在竞争对手更偏好实物团购的时候（可以快速冲量且毛利高），美团却一直坚持以服务类团购为主。因为CEO认为，做实物团购无法和淘宝的"聚划算"竞争，除非自建物流，但这并不是美团的价值所在。就是这个差异化的定位，决定了美团必须走稳扎稳打的马拉松路线，而不是像其他团购网站那样走快速铺量、快速占领市场的冲刺路线。和美团相比，其他团购网站的同质化十分严重、竞争优势也不明显，因此这场大战异常惨烈。

所以对于成长期的产品，不应该把过多精力放在盲目地赶追竞品上，而是要找到自家产品的独特之处。**产品设计策略是通过大胆创新不断巩固竞争优势（差异化的产品定位），最终保持领先位置**，如图4-6所示。

对于产品设计师来说，一开始就应该明确定位，围绕定位大胆创新。如果在工作中，大家经常发生分歧，那就说明大家心中对产品的定位没有达成共识。不要害怕错误的定位，错了也好过没有定位。毕竟错了还可以再改，但是没有定位就会从头至尾地混乱下去。在市场竞争激烈的情况下，这几乎就失去了获胜的可能性。定位明确之后，才好根据清晰的定位

图4-6　成长期产品目标及设计策略

创新，或判断功能及体验优化的优先级。

另外，这个阶段还需要产品设计师利用专业能力做好数据、用户分析等工作，以便探索现阶段的产品特点及竞争优势，之后也可以在此基础上进行品牌升级、更进一步占领用户心智。现在很多互联网设计师对品牌升级的概念还停留在做个logo、吉祥物、定义个新设计风格这个阶段，最后品牌升级就变成了首页改版。花费成百上千个小时，设计数十套方案，最后只是体现了产品最表层的概念。当然，我不否认设计升级这事挺重要的，追求细节也体现出了设计师的独具匠心，但是品牌升级不仅仅是设计表层的改变，更需要传达产品的愿景和核心精神等。还需要结合运营活动持续深耕下去，不断重复、加强用户对品牌的认知。并且品牌升级效果也是需要验证的，验证的要点并非用户对新设计风格的浅层感知，而是看是否能加深用户对品牌核心的理解，还有就是直接看业务数据是否有提升。

最后，在此阶段，产品设计师还需要不断新增/优化功能、流程或结构，以保障现有的架构能承载产品高速发展的需要。成长期的产品相对来说比较重视用户体验，所以对产品设计师来说是大展身手的时刻，可以通过完整的流程来学习体验更多产品设计技巧。

4.2.3   成熟期：我要赚不停

在成熟期，最重要的诉求是最大限度地提升产品商业价值，享受利润最大化。产品设计目标是"提升商业价值"。很多非商业产品在成熟期寻求商业化路线，比如微博、陌陌等。相比之下，有的产品虽然已经积累了很高的人气、用户体验良好，却因找不到商业变现机会而夭折。在资本寒冬时期，这样的产品不在少数。

所以对于成熟期的产品，不应该把精力放在继续大幅优化体验上，而是应该通过科学严谨的方式提升产品效益。

为什么要强调科学严谨呢？主要有以下两方面的原因：

一方面是因为成熟期产品的用户量十分庞大，且已经养成了较固定的习惯，改动往往牵一发而动全身，所以需要谨慎对待。我记得我常用的一款邮箱产品，某次改版把"退出"按钮从页面左上角改到了右上角，我经过快一个月才慢慢习惯，差点因此放弃了这款产品。

另一方面是因为成熟期产品提升的空间会越来越小，所以页面改动过多反而可能出现反作用。我们经常遇到的一种情况是：改了某页面的文案内容和视觉风格，数据没有提升；但如果只改A页面的颜色，数据反而有明显提升。所以一定要逐一改进细节来监测数据效果。成长期不存在这个问题是因为成长期的产品功能还不完善，需要大跨步前进才能赶超竞争对手；而到了成熟期，产品功能已经非常完善，体验也不会太差，所以需要用更精细的方式来小心对待。

既然成熟期不适合做大幅改动，但又要最大化地提升产品价值，那么就只能使用科学的方法来提升效率。除了前面说的精细化设计以外，我们还需要注重规模化。

例如，经过我们总结分析，发现某种特定视觉风格的转化效果很好，但是我们有好几条业务线，每个页面都改动的话工作量太大，如果以后再次迭代也会很麻烦。于是设计师就和前端同学联合开发了DPL（Design Pattern Library）组件库，这样以后只要修改组件库里的样式，线上的所有对应样式都会同步改变，大大提高了效率。

除此之外，很多公司还开发了人工智能系统，自动生成交互界面或视觉界面，或根据用户行为特征生成不同的效果，大幅提升效率及产能。通过技术提升效率不仅体现在设计方面，更体现在产品的方方面面：例如，宜人贷结合大数据及人工智能开发的反欺诈系统、电话主动营销系统、交叉营销系统、风控系统、数据系统等，不仅提升了效率，更奠定了行业技术领先的地位。

所以，**成熟期的设计策略是通过科学严谨的方式最大限度提升产品商业价值**。产品设计师应该想清楚变现思路，通过科学的方式不断完善功能和体验、提升产品设计效率，让用户尽可能留下来，并提升单个用户贡献值，帮助业务指标进一步增长。

需要注意的是，成熟期的重要发展指标和成长期的指标不一定一致。成长期的指标侧重于新增用户和用户留存、复购、活跃及推荐等；而成熟期的指标相对来说更看重如何赚钱、如何规模化等，如图4-7所示。

图4-7　成熟期产品设计目标

这个阶段数据验证十分重要，对提升产品设计师的商业/数据/界面敏感度大有裨益。对成熟期产品的精细化研究造就了很多非常优秀的产品经理及设计专家。

图4-8可以帮助大家更直观地理解不同阶段的特点及里程碑。

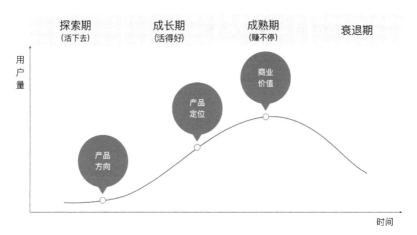

图4-8　产品不同阶段的里程碑

总体来说，探索期的任务是不断探索产品方向直至方向明确，此后用户量开始快速增长，标志着产品进入成长期；成长期的任务是不断地巩固产品差异化定位，直到在用户心中建立起明确的竞争优势（定位），然后进入了成熟期；在成熟期需要尽可能提高商业价值，等到价值达到最高点开始回落时，也就标志着产品要进入衰退期了。

需要注意的是分成3个阶段是为了方便大家理解，其实它们之间并不存在严格的分界线，成长期也可能用到成熟期的方法，成熟期也可能再尝试探索期的方法转型。

4.2.4　不同阶段的产品设计痛点

现在再回到本节开头的那段对话中，如果他们了解了产品生命周期的概念、特征以及对应的产品设计策略，又会做出怎样的回应呢？

"我们的产品刚上市不久就取得了非常亮眼的成绩，设计师却说在这里没有成就感，我理解，这是因为他熟悉的设计技能在这里无法发挥。我会跟他好好谈谈，看他是否愿意和公司共同成长，等产品做大了，他自然就有施展空间了。"

"我特别想把用户体验做好做极致，但我们这儿是初创公司，各种不规范，只能做到简单粗暴，但我看好公司的长远发展，我相信未来会越来越好，况且我现在也学到了很多产品方面的知识。"

"人家都羡慕我在知名大公司做设计，做的还是千万级用户的重点项目，我会好好把握这个机会，多向前辈请教如何优化设计细节，帮助业务进一步提升"

……

当然，即使懂得了这些，也不代表就能解决所有的产品设计问题。

当产品处于探索期时，产品很多地方不完善、不规范，擅长精细化设计的产品经理及设计师常会感觉迷茫。而且市面上没有可以参考的竞品，难以找到产品设计方向。而当产品步入成长期时，最常见的情况是产品差异化不明显、同质化严重，这个时候想做优化但往往只是改进现有问题，不知道怎么做出亮点和创新，难以让用户记住。当产品步入成熟期时，最大的问题是细节方面的把控，即如何通过细节设计让产品出奇制胜，并带来更多收益。

想解决这些问题，就需要了解不同阶段具体的产品设计方法。需要学习很久吗？其实不用那么麻烦，一张图足矣（见图4-9）。

图4-9　产品不同生命周期的设计痛点

4.3　神奇的产品设计画布

请大家仔细观察图4-10，看看它有什么规律（单箭头表示单向流程、双箭头表示互相影响或等价）。

4.3.1　产品设计画布的规律

乍一看，从上到下这三部分似乎没什么区别，还是那5个基本步骤。但仔细看可以发现，在不同阶段，每个步骤下面对应的内容都是不同的。这意味着在产品不同阶段，需要用到不同的设计方法。这正是这张画布的奥妙所在：既具有普适性的规律，以不变应万变，又考虑到了不同情况的变化。

我们可以看到这里有很明显的规律。横向看（步骤1～5）：越往右就越接近实际产出；纵向看（从探索期到成熟期），越往下遇到的问题及解决方式越具体、现实、精细化。比如第一列，从用户假设，到目标用户，再到核心用户；第二列，从产品方向规划，到产品定位，再到商业价值……

从表面上看，似乎越靠下用到的设计方法越专业越精细，但实际上设计方法本身不分专业与否，而是看什么阶段更适合使用什么方法。比如，成熟期产品的设计方法就无法用在探索期产品上。因为阶段不同、情况不同，对应的设计思路也会不同。一味地追求专业可能会限制设计师的视野和高度。

此外，从图4-10中我们还可以看到，产品的成长规律并非完全线性，而是在一次次迭代中呈螺旋状提升。比如探索期从步骤1走到步骤5后，并不会直接进入成长期的第一步，而是会再次在探索期内迭代，直至到达某个标准，才会进入成长期。

当然产品的发展并不一定严格按照这3个阶段的顺序，一个探索期的产品也许会直接进入成熟期；成熟期的产品经过战略调整，也可能会回到探索期。在使用方法时希望大家能够灵活应用，而不是被理论局限住，根据自身产品特点，也可能几种不同的方法结合使用效果会更好。比如可以尝试探索期和成长期的方法结合，或成熟期和探索期的方法结合等，也许会有意想不到的结果。

4.3.2　揭示产品设计核心规律

所有的产品设计方法论，其实都离不开这个基础框架，它既具有高度的概括性又具备完整性，揭示了产品设计最基本的理念和方法。

我们看到的很多外表花哨、复杂的设计方法论或是项目总结，往往细致有余却不够

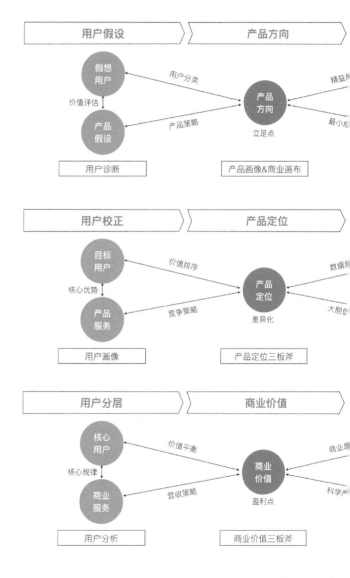

产品设计画布	1 用户分析	2 产品目标

1 探索期
（活下去）

用户假设 → 产品方向

假想用户 —— 用户分类 —— 产品方向 —— 精益□
价值评估
产品假设 —— 产品策略 —— 立足点 —— 最小□

用户诊断　　产品画像&商业画布

2 成长期
（活得好）

用户校正 → 产品定位

目标用户 —— 价值排序 —— 产品定位 —— 数据□
核心优势
产品服务 —— 竞争策略 —— 差异化 —— 大胆□

用户画像　　产品定位三板斧

3 成熟期
（赚不停）

用户分层 → 商业价值

核心用户 —— 价值平衡 —— 商业价值 —— 商业□
核心规律
商业服务 —— 营收策略 —— 盈利点 —— 科学□

用户分析　　商业价值三板斧

图 4-10　产品

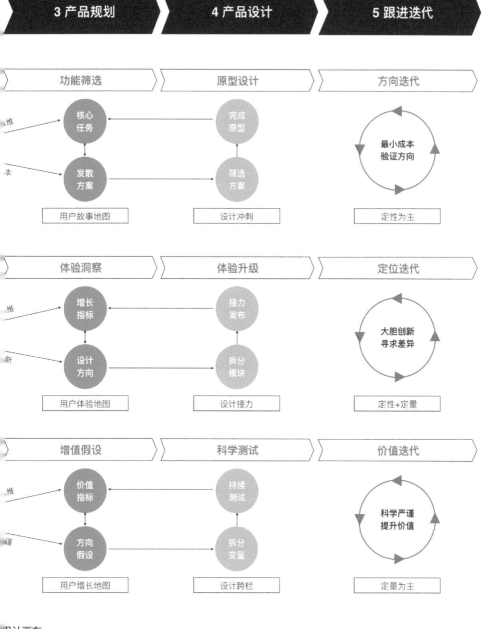

3 产品规划	4 产品设计	5 跟进迭代
功能筛选	**原型设计**	**方向迭代**
核心任务 发散方案	完成原型 筛选方案	最小成本验证方向
用户故事地图	设计冲刺	定性为主
体验洞察	**体验升级**	**定位迭代**
增长指标 设计方向	接力发布 拆分模块	大胆创新寻求差异
用户体验地图	设计接力	定性+定量
增值假设	**科学测试**	**价值迭代**
价值指标 方向假设	持续测试 拆分变量	科学严谨提升价值
用户增长地图	设计跨栏	定量为主

设计画布

深入。这如同绘制一头大象，有人擅长描绘象鼻、有人擅长描绘象尾、有人擅长描绘象耳……但无论怎么惟妙惟肖，都只是一部分。因为很少有人意识到核心规律，所以只能从自己熟悉的那部分入手，才会生产出千变万化但又万变不离其宗的方法论碎片。

这很容易理解：一是因为各领域存在天然的壁垒，大家更注重往下深钻，而不注重横向打通，反而总刻意和其他领域划清界限保持距离。比如，你很少看到产品经理或运营人员去研究设计方法论；也很少看到设计师研究商业知识。而且我后来发现一个有趣的现象，那就是这种情况不仅发生在互联网行业，也发生在其他领域。例如，医生故意写些让人看不清楚的字，哲学家故意说出让人听不懂的话，物理学家看不上化学家……总之每个专业领域的人都非常擅长保护自己的"专业性"，营造一些生僻、晦涩难懂的东西来提升自己的专业度，忽视其他相关领域。这如同坐井观天，表面上看好像比别人更深入了，其实看到的头顶那片天空越来越小。

二是人们很容易忘记"少即是多"的道理，喜欢把简单的事情搞得很复杂，而不是试图把复杂的东西变得简单。因为添东西非常简单，但去掉却很困难，更别说提炼出最基本的规律了。可能有的设计同行会认为产品设计画布太简单、太基本了，无法体现出"专业性"。其实越是接近本质的东西越简单，越是复杂的东西越说明创作者本人都没搞明白。我看过很多优秀设计师的项目总结或方法论，经常被其中复杂的表达形式绕晕。其实哪有那么复杂，只不过是害怕看起来"不专业"而已。这张画布其实也经历了无数次的演变，最原始的样子比现在看起来复杂多了，那个时候的我也曾因此沾沾自喜，以为看上去很专业，但现在才明白当时对产品设计理念的认识还是比较肤浅的。

三是产品设计经验往往来自于项目的积累，但大多数人经历的项目类型有限，所以只能总结出和自己项目相关的内容，没有办法遍历所有的情况。我很幸运，机缘巧合地经历过探索期、成长期、成熟期的多种不同类型产品，所以才有机会把这些内容分享给大家。

4.3.3　不同阶段产品设计思路的区别

除了目标、策略、设计侧重点外，不同产品阶段的风格、用户、设计、产出、分析等都是不一样的。作为一名设计师，也许只会关注到其中两三个环节，产品经理则可能更少。但作为一名产品设计师，则必须考虑到这其中所有环节，如图4-11所示。

图4-11 产品设计九要素

我简单罗列了在产品不同阶段设计思路的主要区别，如图4-12所示。

生命周期 九要素	探索期	成长期	成熟期
目标	掌控产品方向 (活下去)	巩固差异化的产品定位 (活得好)	提升产品价值 (赚得多)
关注	用户价值	产品核心竞争力	商业变现
策略	最小成本验证产品方向	大胆创新巩固差异化定位	科学严谨提升商业价值
风格	颠覆、旁门左道	创新、风格独特	规范、科学严谨
用户类型	假设用户	目标用户	活跃用户
设计方法	产品故事地图 设计冲刺法	用户体验地图 设计接力法	用户增长地图 设计跨栏法
产出过程	拆需求后做原型	拆方案后再发布	拆变量后再测试
分析与验证	定性为主	定性＋定量	定量为主
相关指标	推荐意愿／新增用户数 满意度等	留存率／复购率 活跃度等	营收／成本率 现金流等

图4-12 不同生命周期的产品设计九要素

可见不同阶段差异非常大，所以产品设计师应该做到顺势而为，根据不同阶段采用合适的产品设计方法，改变产品的命运。

当然，你还可以按照此特征选择适合你的行业或者公司。如果你思维极其颠覆，那么可以选择从0到1的新行业、新公司；如果你喜欢创新，那么可以选择成长型的行业以及公司，或是成熟公司里的成长型项目；如果你喜欢稳定，追求科学、严谨、规范，那么适合选择成熟型的行业、公司、项目，如图4-13所示。

图4-13　不同阶段的能力要求变化

4.3.4　产品设计画布的意义

产品设计画布可谓产品设计师的利器，不仅解决了产品设计师在设计过程中的困惑，更解决了不同角色之间的配合问题，减少了资源的浪费。有了这张画布，大家就可以克服阻碍、按图索骥，到达正确的目的地，并且所有人的认知都是同步的，方便随时互相配合；而不是一人指挥其他人被动执行，或是盲目地做大量专业工作却无用武之地，抑或是所有人乱作一团。

产品设计画布完美地诠释了"以产品为中心"的设计思想，针对产品成长阶段采用不同的产品设计思路，以提升产品价值为最大目标。我想这确实和传统的"以用户为中心"的设计理念不尽相同。但大家应该可以理解，这两者并非是互斥的，以"产品为中心"的设计策略依然需要建立在"以用户为中心"的设计能力基础上。

在学习这个画布的过程中，大家可能会发现里面很多方法和思路似曾相识，但又和我们以前熟悉的做事方式很不一样。之所以会出现这种差异，是因为过去在实际工作中，我们往往围绕用户、业务，以提升用户体验、满足业务要求为目标；现在我们围绕产品，以提升产品价值（包括对用户的价值、核心竞争力、商业价值等）为目标。目标的改变，必然导致思路、方法、过程和结果出现改变。所以后面，每当我用新的方法和传统方法比较时，都不是在论证谁对谁错，仅是为大家展示不同目标下的做事方式而已。

另外，在实际应用画布时，不一定要严格按照图中的方法来执行。它只是为我们提供了一种思路，帮助大家看清整个产品设计、协作过程。希望大家可以在实际工作中灵活应用、举一反三。

第5章 在探索期活下去——把握产品方向

5.1 大胆假设，小心求证的探索期

"这是一个从0到1的产品，没有相关竞品可以参考，没有现成的用户，没有数据，又不能什么都去问老板，我该怎么办？"

"这是一个To B的产品，用户是数据分析师，专业门槛太高了，我该怎么理解用户及业务？"

"这是一个平台型产品，十几个产品经理，每个人只懂自己那一小块业务，我该怎么整合这些信息？"

……

无论是你的产品过于创新，还是过于复杂，都可以通过下面的探索期产品设计方法来解决。

我们先通过图5-1回顾一下探索期的特征。

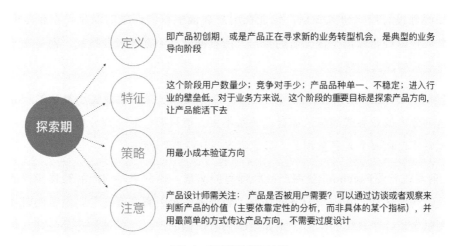

图5-1　探索期的重要特征

那么，探索期的具体设计流程应该是怎样的？如图5-2所示。

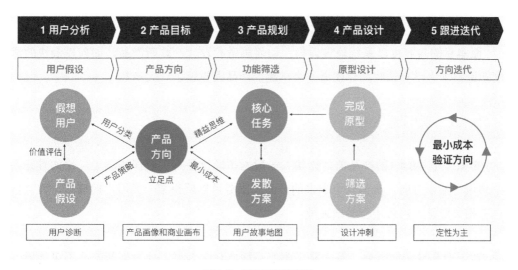

图5-2　探索期设计流程

在探索期，体验设计并非重点，重点在于前期的战略规划以及深入的用户研究。这涉及大量业务战略、战术方面的问题，所以这里只介绍产品设计师需要了解的基本内容和方法，感兴趣的读者可以延伸阅读产品战略相关书籍或文章。至于用户研究，只要了解基本知识，别犯常见的错误就行了，重要的还是深刻的洞察能力。很多产品经理没有用户研究知识，也能在用户访谈中得到深刻的洞见，不少专业的用户研究人员却经常输出平淡无奇的报告。所以问题并不在于专业技能，而是在于对业务、对用户的深入理解。

当然很多产品经理和设计师可能从来都没有接触过探索期或过于复杂的产品，会感觉这部分太偏业务或战略，和自己关系不大。但只要针对这部分内容稍做延伸，就会发现它不仅和每个人息息相关，且非常容易让你脱颖而出。

之前看过一篇Facebook资深产品经理写的文章，提到卓越的产品经理和普通的产品经理之间的区别，其中第一条就是要"验证痛点是否真实存在"。面试的时候，他会让面试者设计个具体的产品，比如给00后看新闻的产品。普通的产品经理立刻开始沿着这个思路思考若干产品方案，而卓越的面试者会停下来，先思考00后人群是否有看新闻这个需求。如果有这方面需求的话，是不是一定要做一个独立的产品？能不能借助第三方平台？总之他们不会一开始就设计产品长什么样，而是会考虑用什么方式以最快的速度来验证这个需求是不是真实存在。

而本章的内容可以系统地告诉你：如何思考和设计一款新产品，如何以最快的速度验证需求。学会这些，你就离一个卓越的产品人更近了一大步！

5.1.1　如何活下去

在做一个从0到1的产品前，创始人一般对市场已经有了较深的洞见。比如看好某个领域、某个方向，认为这个未来的产品或服务可以解决某一类用户的痛点，并且自己有相关资源，然后才会尝试去做。

对于产品设计师来说，首先要了解产品面向什么人群。因为创新产品不可能服务好所有人群，只能挑选一部分人群成为初始的目标用户群体。当然，对于从0到1的产品来说，这往往只是一个假设，未来很可能会随着产品方向的改变而改变。

只有确定初始的人群假设，才更容易据此获取第一批新用户。例如LinkedIn是一个面向职场人士的产品，第一批用户是通过联合创始人和最早期的员工每人邀请500

个朋友来获取的。非常幸运的是，这个假设一直成立至今，LinkedIn目前是一个成功的面向全球职场人士的沟通平台。

然后要了解潜在人群目前的详细状况、遇到的痛点，有什么样的诉求，我们能够提供给他们怎样的解决方案来帮助他们等。当然，也许这些内容产品创始人早已经非常熟悉，所以在实际执行的时候也要注意和产品负责人多进行沟通，同步想法。

之后做基本的产品规划，再用最小的成本做产品设计，然后去检验迭代。我从入行到现在，参与过不下十款从0到1的产品的设计，最后大部分都失败了。这些产品没有一个是用"最小成本"的思路去做的，往往一开始就非常高调地宣布要做某产品，然后按照正常的产品流程做设计，当发现方向不对的时候已无力回天，最后不得不低调地结束。所以对于从0到1的产品来说，"最小成本"及"方向验证"的思想是最基本的策略。

5.1.2 关键词：产品方向和最小成本

探索期成功的关键在于正确的产品方向，对应的最佳策略是最小成本快速试错。这相当于探索期的左手和右手，可谓是"两手都要抓，两手都要硬"。

关于产品方向的探索，我会介绍两个好用的工具：产品画像和商业画布。关于最小成本试错的思维则应该贯穿探索期始终。产品方向错了不要紧，只要成本小，那么随时可以改变方向，毕竟"船小好调头"。

我对最小成本策略的理解，最早来源于《精益创业》这本书。由于之前参与过多款创新产品，又有创业经历，所以看到这本书时，对里面的内容深有感触、十分认同。

《精益创业》一书中提倡一种叫"最小化可行产品"（Minimum Viable Product，MVP）的理念，在当年（该书出版于2012年，我第一次阅读是在2015年）引起了创业者的热烈讨论。该理念打破了传统的倾向于一次性设计完整产品的理论。最小化可行产品主张：定义一个满足用户核心需求的产品——能够帮助用户解决问题的最小功能集合，符合价值性、可用性、可行性。

我举个例子大家就明白了。大众点评的创始人在最开始时，没有跟任何餐馆签协议，而是将旅游手册里1000多家饭店录入到自己花3天时间做的一个非常简陋的网页上。

他只想验证一件事：人们在饭馆吃完饭，是否愿意点评？这个检验结果就是大众点评网的产品方向，也是大众点评网商业模式最重要的起点。而这个简陋的网页就是MVP。

后来，大众点评想切入餐馆订位服务，当然他们可以做一个电话预订系统，但是开发这套系统至少需要3个月，而且他们也不确定用户是否愿意通过这种方式来预订。MVP的概念再次起到了作用，他们做了一个极为有趣的试验：没有电话预订系统，而是后台有两位客服人员人工接收信息，打电话给餐馆，再回复用户，也就是在用户面前"假装"成有预订系统的样子。最后的结果还不错，证明这个需求和电话预订系统的想法是可行的，这才投入大量资源来开发系统。

可能有读者会说，这是创业公司的案例，对于大公司来说没这个必要吧？

大家觉得微软还算够大的公司吧？微软当年下了很大决心打造颠覆性的Windows 8操作系统。搭载Windows 8的Surface 平板电脑标榜娱乐与办公为一体的理念，与苹果iPad的娱乐路线差异化竞争。其革命性的改变主要有：采用全新的界面风格、大幅改变以往的操作逻辑、采用切换复杂的双模式操作系统以及同时提供屏幕触控支持。微软对新操作系统充满了信心，对此抱以很大的期望，视其为再创辉煌的砝码。然而上市后，用户反响并不好，很多用户看到新的界面一脸懵，不知道该怎么找到常用的操作，甚至连关机都不会了。

微软的领导层认为，Windows 8开发阶段的"过分保密"是其失败的根本原因。换句话说，也就是"闭门造车"，没有及时获取用户的真正需求。吸取了Windows 8的教训，后来的Windows 10系统在这方面大力改善，有数百万用户参与了Windows 10预览版的内测。

再如，阿里巴巴做社交软件"来往"时集中了公司重点资源。一群优秀的员工加班加点，内部员工还得负责拉用户，但最终依然没有成功。该团队后来改做面向企业用户的"钉钉"，却取得了巨大的成功。"钉钉"的工作方式和创业公司没有任何区别，团队成员舍弃了大公司的环境，全部搬到外面的民宅办公，非常低调。所以创业成功与否和资源无关，做事的态度和方式更加重要。

不管是创业公司还是行业巨头，在创新的巨大风险面前都是平等的，尤其是在目前这个充满不确定性的时代。"憋大招"的做事风格在最后时刻迎来的往往不是惊喜。在这个瞬息万变的时代，我们只有保持谦卑，"Stay hungry，Stay foolish"，才能真的不至于变成最后的傻瓜。

5.2 用户假设——愿者上钩

现在我们开始正式介绍探索期的产品设计流程。首先是用户假设部分，这部分又包含了3个基本步骤，分别是假想用户、产品假设和价值评估，如图5-3所示。

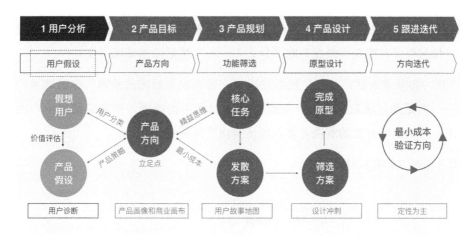

图5-3 探索期——用户假设

5.2.1 假想用户

这个不用多说，选定一部分目标人群即可，主要依赖于产品创始人的判断，而且一开始未必准确。但是不准确也没关系，可以在未来进行调整。但如果没有这一步，团队就会变成没头苍蝇四处乱撞。所以这个过程相当于是给大家一个靶子，有了初始的靶子，才可能有未来修改的方向。

确定目标用户后，我们需要区分用户角色、挖掘不同角色的痛点，然后找到解决问题的切入点，这也许就是产品成功的制胜法宝。这里举一个简单的虚拟例子，保证大家都能明白。

比如，在医疗类App还未兴起时，某创业者很讨厌去医院看病，所以他想做一款在线医疗App。他假设目标人群是一线城市80后职场白领和三甲医院医生，然后他需要对这两种角色分别进行深入的访谈，了解他们在求医/工作时的故事、痛点和诉求，然后考虑用怎样的方式来提供解决方案，以及方案的可行性，这样就形成了最初的产品假设。

随着互联网环境的快速变化，现在显然已经过了做App的好时机，未来机会更倾向于人工智能、企业服务、线上线下融合、小程序等方向。但请大家注意，这里的重点在思路，举例仅为帮助大家理解思路。案例本身并不重要，而且很快就会过时。千万不要买椟还珠，只纠结于具体案例，而忽略了其中的精华。

5.2.2 产品假设

我将上述的产品假设推导思路称为"用户诊断法"。就好像医生看病的时候会先问："你怎么了？哪儿不舒服？吃了什么？……"然后给出诊断方案。

当然，实际访谈时，并不是直接问用户：告诉我你看病的故事、你的痛点、你的诉求……而是通过深刻感受用户在求医/问诊过程中的境遇，推导总结出用户的痛点和诉求，并给出针对性的解决方案，逐步得出产品假设。

用户诊断法如图5-4所示。

	一线城市80后职场白领	三甲医院主任医师
用户故事	a.孩子病了，带孩子看病需要请假，非常影响工作 b.儿童医院人山人海，排了好几个小时就给看5分钟 c.回去吃了药，一周都没好，还得再去医院挂专家号 ……	a.一天要看好几百个病人，中午经常吃不上饭 b.每个病人只能看几分钟时间，病人经常投诉 c.很多小病其实没必要挂专家号 d.收入低，医院还不让多点执业 e.没时间完成科研课题 ……
用户痛点	a.看病过程费时费力 b.优质医疗资源有限，三甲医院有限 c.无法事先了解医生的诊疗水平和态度等 d.优秀医生少，专家号不好挂	a.时间精力有限，无法给每个病人更多的时间 b.普通病也要看专家，医生大材小用 c.经济压力 d.不能多点执业 e.科研压力
用户诉求	提升看病效率： • 减少看病等候时间 • 医生信息及看病口碑透明化	提升治疗效率： • 优先看疑难病人（也解决了科研压力），其他普通病人不一定要挂专家号或远程来北京求诊 • 增加收入：如多点执业等
解决方案	通过搭建平台累积用户评价数据，帮助病人快速选择合适的医生，解决医患两边信息不对称的问题，从而提升看病/治疗效率，同时也增加医生收入。但初期没有足够的评价数据，可以先引入三甲医院的医师，降低用户的选择成本	
产品假设	帮助病人在App上快速选择医生，进行预约或问诊	

图5-4　用户诊断法

通过用户诊断，我们最终得到产品假设：帮助病人在App上快速选择医生，进行预约或问诊。

5.2.3　价值评估

现在就要立刻开工吗？不，还差非常重要的一步——价值评估。

为什么要进行价值评估呢？因为我们既要考虑产品带给用户的价值，还要考虑现有的市场情况（也许已经有很多人在做了）、行业特性以及自身资源、核心竞争力等。

对于刚才那个例子，价值评估的结果为：产品价值在于通过互联网思维及技术解决传统的"看病难"问题，提升使用者的效率。但需要考虑政策法规、风险、运营策略、成本、用户使用平台意愿、医生收费建议等，需要进行进一步分析调研及产品试用等。

再举个例子：老板突然提出要做海淘市场，因为他发现身边很多人都有托朋友去国外代购商品的需求。通过市场分析了解到海淘市场非常宽泛，包括跨境电商、第三方平台、国际转运……这么多产品形态，该选哪一个呢？这时就需要对海淘市场的产业链、价值链、行业竞争格局以及其他相关公司的做法进行研究分析，最终决定到底做什么，以及给用户带来什么价值。这才是完整的价值评估的过程。

关于产业链、价值链（给用户带来什么价值）、核心竞争力这些内容，其实并没有想象中那么复杂。这里给大家介绍一本书——《MBA教不了的创富课》，书里面用极其浅显易懂的语言讲述了这些专业内容，并且十分生动有趣。

当然不同公司要求也会有所不同，例如，阿里巴巴公司非常注重集团战略方向且组织层级较多，所以除了必要的价值评估内容外，还需考虑产品是否符合集团、事业部现阶段战略目标，对其的价值和意义等。

如果有条件，建议产品设计师能积极参与到所有环节中；如果没有条件，那也至少要完成用户诊断列表（哪怕是虚构的），再和创始人沟通确认；或者以此为采访大纲访谈创始人或业务方。多了解产品的背景，有助于后面工作的顺利实施。

5.3   产品方向——我该做什么

产品方向包括和产品相关的一系列战略内容，比如用户角色及分类、产品策略（包含产品特色、主要场景、商业模型、渠道、合作伙伴等）。它是用户假设和产品假设内容的延伸，如图5-5所示。

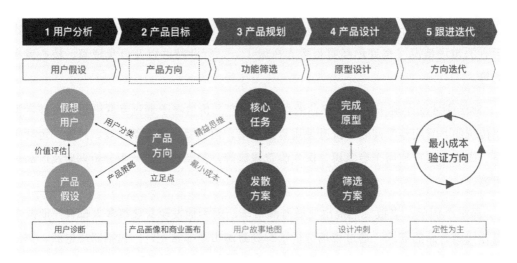

图5-5   探索期——产品方向

需要注意的是，用户假设、产品假设、产品方向这三部分并不是线性的关系，而是相互影响的。可以先得出用户假设和产品假设，再延伸出产品方向；也可以先假设一个产品方向，再考虑对应的人群分类以及具体的产品策略等。这可能是一个反复迭代的过程。

接下来，我们可以通过"产品画像"及"商业画布"讨论产品方向的具体内容。

图5-6   产品画像的内容

5.3.1   产品画像

产品画像是帮助产品设计师描述产品的工具。产品画像主要包含6个部分的内容，如图5-6所示。

1. 产品定义

产品定义即这个产品是干什么用的，包括产品面向什么人群、为不同人群提供什么服务等。

2. 产品价值

产品价值即这个产品能为社会/用户提供什么价值、为什么要做这个产品等。

大部分C端产品的价值都可以用一句话来描述，但对于To B的产品则要复杂得多。阿里巴巴某平台型产品的产品价值如图5-7所示。

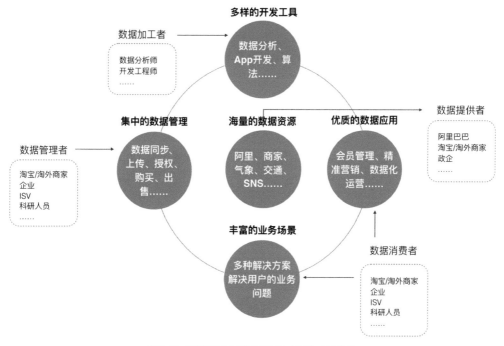

图5-7　阿里巴巴公司某平台型产品的产品价值

3. 产品特色

产品特色是指产品有什么特色、优势等，怎么和竞争者拉开差距（当然，探索期的时候可能没有什么竞品，但还是要考虑准入门槛是否够高，未来怎么和追赶者拉开距离）。

4．产品关系

有的产品比较复杂，里面包含若干子产品。更多的情况是产品包含不同的功能模块。图5-8展示的是既包含不同子产品，子产品里又包含不同功能模块情况下的产品关系图。

图5-8　某平台型产品的产品关系图

5．主要场景

主要场景是指目标用户的典型使用场景及主要流程。

6．角色关系

不同角色之间的关系及互相影响因素等。了解角色关系有助于我们更立体地理清产品脉络及各角色在各场景下的互动、问题等。

图5-9是阿里巴巴公司某平台型产品的角色关系图，如果没有及时梳理出这个图，产品设计就无从谈起。随着现在的产品越来越复杂、平台属性越来越强，角色关系图也变得愈加重要。

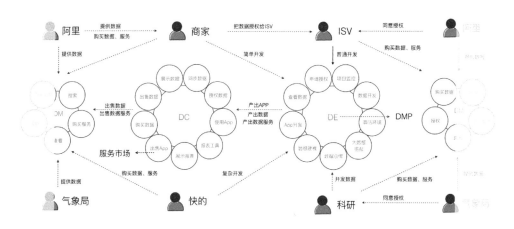

图5-9 某平台型产品的角色关系

以前面提到的在线医疗App为例，产品画像可以是图5-10所示的样例。

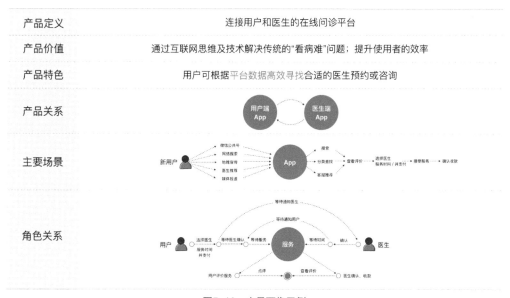

图5-10 产品画像示例

其中的内容项并不是固定的，视产品和公司情况而定。还有的产品一开始比较简单，则可以略去产品关系、角色关系图等。

产品画像使项目人员对产品能够有大致的了解，在产品原型出现之前可以一窥产品的轮廓。

5.3.2 商业画布

产品画像侧重于产品设计部分，商业画布侧重于商业模式部分。当然，二者也是有重叠的，重叠的部分刚好就是产品方向的核心部分。产品设计师可以把产品画像作为基础工具、把商业画布作为进阶工具。

这里对商业画布不做过多介绍，感兴趣的读者请参阅其他资料。

总体来说，商业画布的优势是利用可视化的方式帮助团队成员达成共识，便于团队成员用统一的语言讨论。商业画布主要包含9部分内容，如图5-11所示。

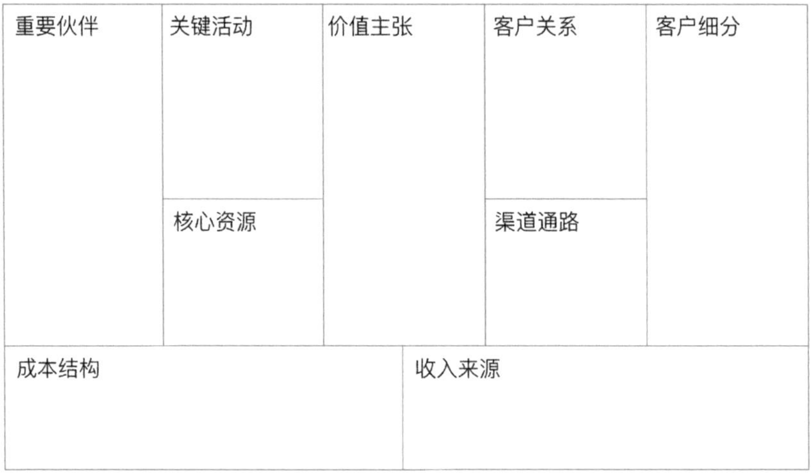

重要伙伴	关键活动	价值主张	客户关系	客户细分
	核心资源		渠道通路	
成本结构		收入来源		

图5-11 商业画布

1. 价值主张

我们能为用户提供的产品或服务是什么？为用户创造什么价值？

细心的用户一定发现了，"商业画布"中的"价值主张"和"产品画像"中的"产品价值""产品定义"内容完全重叠。而重叠的这部分就是产品方向的核心。只有对这个问题达成一致，才能进行后面的讨论。

比如，刚才讨论的医疗App的产品方向核心是：该产品为一线城市的80后职场白领、三甲医院医生提供线上挂号及问诊服务；把优质的医疗资源带给线上用户。

2. 客户细分

我们的目标用户主要包括哪些人？

比如，某面向企业客户的内部沟通工具，它的使用者是公司员工；影响者可能是其他竞争公司；推荐者也许是销售人员、营销渠道的广告，也许是某高层领导或老板的好友；购买者是公司采购部；决策者是老板。所以想要让目标用户使用这款产品，就需要分析这些人的行为和心理。

再如，一款金融产品的主要销售途径是销售人员，那么设计产品时就需要考虑产品卖点突不突出、销售人员是否好理解、和销售人员负责的其他产品相比是否具有优势等。

3. 关键活动

我们需要做什么关键性的事情才能支撑整个商业的运作？

大部分人想到的是做App，那是不是只有App这一条路？显然不是。如果你还没有实体的产品或服务，但想测试未来的产品是不是有足够用户支持，可以发起众筹，可以在微博上发个介绍视频，可以通过搜索关键词看有多少人搜索相关内容及相关结果，可以买关键词看有多少人点击广告，可以优化广告落地页看用户是否愿意停留，可以通过发放问卷看用户是否愿意留下联系方式……这些都符合探索期"最小成本"的思路。

除了这些以外，还需要商务合作以及营销资源的考虑。比如，如果你想做旅行产品，那么需要有供应商的资源，可能还需要媒体的深度合作；如果你想做O2O，那么可能需要搞定地推资源，等等。

4. 渠道通路

确定了价值主张，瞄准了目标用户，执行了关键活动，接下来就是我们的产品和服务通过什么样的方式和途径呈现给一线用户，并说服他们为之买单呢？

有一个叫"发现旅行"的产品给我留下的印象很深刻，作为一个旅游产品，它们一反常态，没有直接做App，而是先从微信公众号开始。由于产品本身有核心竞争力，后来得到了一大笔投资，再经过慢慢发展才做了自己的App。对于用户来说，直接下载一个不了解的产品，这个成本是很高的，但关注公众号的成本则低很多。其实现在微信公众号已经能开发出很多基本功能了，并不影响实际使用，对于从0到1的产品来说也是一种很好的证明自己商业思路的方式。

我有个朋友在线下开了一家花店，想做一个网站来宣传和销售花店的商品，对此我持否定意见，理由是：这样一个孤零零的网站，流量从哪里来？如何维护？如何不断优化体验？

所以对于从0到1的产品来说，如果你已经有了实体的产品或服务，建议还是尽量用第三方平台，比如微博、微信、淘宝等。

5. 客户关系

我们需要和客户保持什么样的关系，才能留住用户？

当你已经正式开始为用户提供服务，你考虑更多的是：他们会反复使用我的产品和服务并持续付费吗？

关于客户关系，我们接触最多的就是互联网产品的会员系统。除此之外，还可以通过优惠券、积分、推荐朋友等方式留住用户。当然，提供给用户最具竞争力的产品和服务是最好的留住用户的方式。

6. 重要资源

我们拥有什么重要资源，才能保证所有的事情顺利进行？

如果是在一家公司里做项目，那么公司本身就是资源。公司赋予项目的不仅是人力、财力的资源，还有公司的文化、价值观、先进的管理经验、技术架构等。

如果在一家创业公司，那么创始人一般会拥有相关的资源。比如做旅游的创业者一般出自旅游公司，做金融的一般出自金融公司，做教育的一般出自教育机构……他们在这一领域积累了多年经验，有了较广阔的人脉和资源。

7. 合作伙伴

我们的合作伙伴都包括哪些人？

合作伙伴包括企业核心业务所涉及或者依赖的上下游服务商。比如，刚才提到的供应商等。

8. 固定成本

在我们的商业过程中所有的行为，需要承担的成本是什么？

对于大公司来说，主要考虑如何在有限的人力物力资源下把事情做成；但对于创业公司来说问题就复杂多了，需要考虑工资成本、服务器运维成本、推广渠道成本、租金成本、水电费、设备等。记得以前创业的时候，合伙人每天都要记录各项开支，定期汇总给投资人，真的是非常麻烦。

9. 收入来源

我们最终的收入来源主要包括什么？

产品负责人从第一天开始，就应该去考虑收入的问题。现在已经过了"站在风口，猪也能上天"的时期。没有可能盈利的产品是不太可能有未来的，现实就是这么残忍。

比如，作为一家招聘网站，你是收求职者的钱，还是收企业的钱？是对所有求职者免费，还是收取高端求职者费用但提供增值服务？这里面都大有学问。

再回到刚才医疗App的例子，它的商业画布可能是图5-12所示的样式。

重要伙伴	关键活动	价值主张	客户关系	客户细分
• 医生 • 公司行政部 • 工会 ……	和医生建立合作关系开发微信公众号、App	通过互联网思维及技术解决传统的"看病难"问题，提升使用者的效率	• 新用户可以享受补贴优惠 • 评论后获得积分，积分可抵扣部分现金 • 推荐新用户可得到代金券	• 一线城市80后职场白领 • 三甲医院医生
	核心资源 • 天使投资人 • 创始人(包括医生)		**渠道通路** 通过和一些微信公众号合作进行推广	
成本结构 租金、办公设备、工资等		**收入来源** 用户给医生付费，平台抽成		

图5-12 商业画布示例

在产品初期，创始人之间可以围绕商业画布展开头脑风暴。它为我们提供了非常好的思路和框架。

产品设计师可以在完成产品画像的基础上进一步使用商业画布，这有助于用更加完整的视角进入到后续产品设计工作中去。

5.4   功能筛选——精打细算好过活

产品方向确定后，怎样把它变成设计方案并加以验证？我们需要一个有力的抓手。这个抓手就是核心任务。

抓住核心任务，可以让我们以更小的成本完成设计方案，这一点非常重要。因为探索期产品方向错误的可能性非常高，所以要用最小的成本检验方向是否正确，以便大幅度节省时间和各项成本。在你还在思考产品细节的时候、在你还没试出正确方向就已经被高昂成本拖垮的时候，竞争对手也许早就经过多轮测试找到正确方向，进而占领了市场先机。

假如此刻你已经明确了方向，准备正式开发一款产品（假设你已经确定要做个App或是网站，而不是其他探索用户意愿的小成本尝试），又该如何通过核心任务这个抓手做到"最小成本"呢？这就要用到图5-13所示的功能筛选。

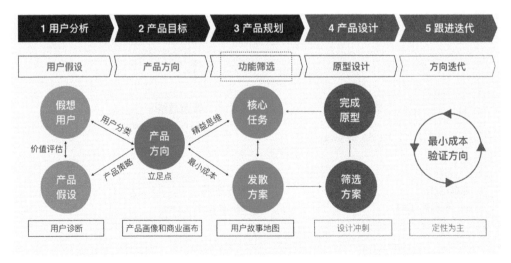

图5-13   探索期——功能筛选

5.4.1　核心任务

通过产品画像，我们已经清楚了主要场景、用户角色关系等。接下来，常规的做法是在此基础上扩充必要的任务、增添各种分支流程、考虑清楚所有的可能……最后呈现出一个复杂、专业、完美、逻辑清晰的流程图。

这看上去确实很专业，却不符合探索期"最小成本"的要求。与常规的做法相反，探索期不仅不会在上一个步骤的基础上"新增"，反而要"删减"。只有这样才能保证"用最小成本验证方向"。

具体怎么做呢？我们都知道新增很容易，但删减则要困难许多。毕竟删减任何一个地方都会影响到体验。如何在保证基本体验的基础上做到功能最少呢？就要把握功能与体验的平衡，如图5-14所示。

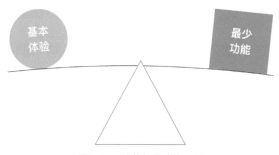

图5-14　功能与体验的平衡

我为此头疼了很久，后来终于在一次敏捷开发的培训中得到了启发。

培训一开始，老师就问了个问题：假设你有5元，但又不想一下子花出去，你是拆成5个1元，还是撕成5瓣呢？

答案显而易见：如果是拆成5个1元，那么每张1元都是可以立即花出去的，而撕成5瓣的话，每一瓣都无法单独使用。这就是迭代开发的精髓，即把大块的需求拆分成若干独立的、可单独交付的需求，再开发上线。

而增量开发就好像把钱撕成好几瓣，每一瓣都无法单独使用，必须拼凑完整才可以交付需求。这就是我们常说的"憋大招"，它不仅体现在开发方面，也常见于传统的产品设计方面,如图5-15所示。

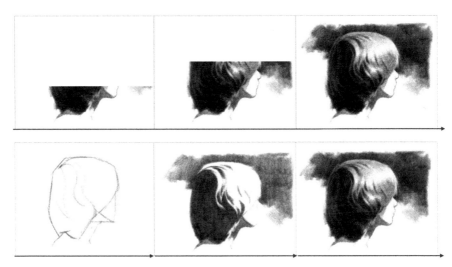

图5-15   "憋大招"的增量开发(上)与灵活敏捷的迭代开发(下)

在迭代开发中,每一次的交付物都是完整、可用的。如同图5-15中的人物画像(下排),虽然第一幅图比较粗糙,但是用户可以看到完整的轮廓,不影响对整体的理解,而且过程比较可控。一旦发现方向不对,可以立即修改。而增量开发中(上排),每一次的交付物虽然精细,但对用户来说不可用,必须全部完成才能拼成一个完整的、可用的产品,且风险不可控,一旦发现之前的方向存在问题,也很难回头了。

学过绘画的人都知道,画画是先从轮廓开始、逐步迭代、精细化的过程,而不是增量的过程,除非是画过千百次这样的画,已经完全胸有成竹。显然,增量过程对一个从0到1、充满各种不确定的产品来说是不合适的。

所以,我们可以还像以前那样完善用户任务流程,只是在实际设计过程前采用迭代开发的思维,把完整的需求拆分成几部分,每一部分独立上线,这样就可以既保证最小成本,又不影响基本的体验。这种方式不仅适用于探索期,也适用于其他产品阶段。

5.4.2　用户故事地图

应该如何拆分大块需求,以完成一个最小成本的可用产品呢?这里介绍一种非常棒的工具——用户故事地图。关于用户故事地图，市面上有专门的书籍介绍，所以这里只介绍核心的理念和方法，大家有兴趣可以延伸阅读相关书籍和网络文章。

用户故事地图能够通过可视化的形式，帮助团队成员达成拆分需求的共识，如图5-16所示。

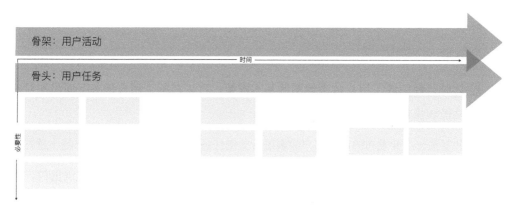

图5-16　用户故事地图示例

创建用户故事地图的步骤大概有7步。

① 召集若干名对产品非常熟悉的人员参与（人数不要过多，3～5人为宜，否则可能降低讨论效率）。在正式讨论前再向大家明确一下产品方向。

② 每个人在便签纸上写下和产品方向相关的"用户任务"，这个阶段不要互相讨论（这是因为根据个人经验，先各自思考再拿出来讨论，效率及效果远好于从头到尾共同讨论）。完成后，每个人轮流说出自己的内容，并把便签纸全部贴在白纸或桌面上，这时如果出现重复的内容，可以省略。

③ 让大家将桌面上的便签进行分组，将类似的任务分为一组，如图5-17所示。

④ 对每个组进行命名并排序。一般按照用户完成操作的顺序从左到右摆放。如果无法决定顺序，那么顺序可能没有那么重要。

⑤ 现在开始按照这些便签的排列描述一下用户任务，确保没有遗漏任何用户活动和用户任务。

图5-17   用户活动与用户任务

⑥ 这时已经完成了用户故事地图的基本框架，可以在每个用户任务下面添加对应的具体功能和操作。

⑦ 针对第一个要发布的所有用户故事进行关键任务筛选，确保第一个发布越小越好。

在这里给大家举个小例子，大家就很容易明白了。假如你6点起床，7点出门，那么请把你从起床到出门要做的所有事情都写出来，组成一个用户故事地图。

大家轮流开始写便签。然后第一个人大声念自己的便签并放在桌上；第二个人依次念自己的便签并放到桌上，如果和第一个人的类似就去掉，以此类推……然后大家将所有便签分组，比如把"刷牙""洗脸"放到一组，命名为"洗漱"，然后再把这些组名排好顺序，这样就形成了图5-18所示的这幅用户故事地图。

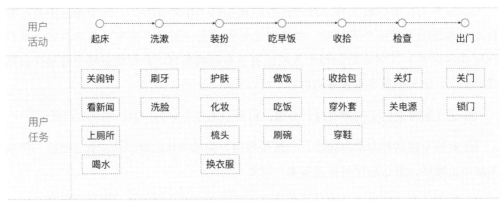

图5-18   用户故事地图举例

这里省略用户故事部分（对于从0到1的初创产品来说其实是不必要的），接下来就要进行任务分解了。

现在假设你起晚了，一醒来就6点50分了，也就是你只有5分钟时间了，可你7点钟必须要出门上班。现在请从图5-18中选择要做的事情。大家经过讨论选择了图5-19中的黄色便签。

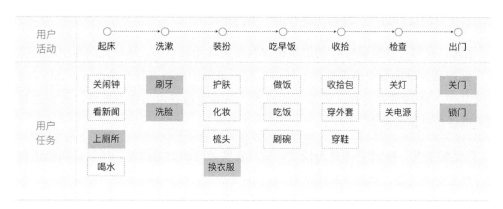

图5-19　经过筛选后的用户流程

可以看到，虽然体验没有之前那么好，但并不影响我们完成从起床到出门的任务。当然，对应到具体的产品设计过程，情况会复杂很多。比如用户的任务可能只是打开App选择合适的医生这么简单，但实际上我们需要考虑登录、注册、个人账户等各种功能和操作，以及后台的建设，这些是开发过程中不可缺少的，在用户故事地图中我们都要考虑到。

总之，在产品方向的基础上，通过用户故事地图筛选核心任务及对应功能，能够帮助我们在产品设计过程中贯彻"最小成本"的原则。最后得出的设计方案也应该遵循这个原则，即用最小成本表达核心任务，而不需要增添过多的细节。也就是说，产品方向、核心任务和发散方案之间应该是等价的关系。否则，如果用户在看到设计方案后完全被设计效果吸引，而忽略了产品方向是否是自己所需的，那么就证明这个设计非常失败，因为它喧宾夺主了，如图5-20所示。

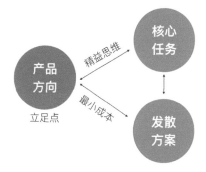

图5-20　产品方向、核心任务和
发散方案之间是等价关系

很多设计师会觉得"要故意收敛自己的设计能力"这样做太没挑战、太不专业了。但说真的，能把设计力度拿捏得刚刚好，可比出一套看似"专业"的设计方案要难太多了。

5.5   原型设计——最小成本试错

设计方案完成后，成为一个最小可行产品（MVP）方案，经过开发上线后验证效果，看用户的反馈如何，再据此进行进一步的迭代。

至此，我们可以发现MVP的思维在探索期简直无处不在。从商业画布中的关键任务，到产品故事地图中的筛选核心任务，再到最终的最小可行产品设计， MVP理念充斥其中。MVP就是这样，用最小的成本，只满足最基本的核心需求，来测试最基本的商业假设是否成立。

但遗憾的是，MVP并不是万能的，它存在实践方面的局限性。所以后面我还会介绍一种更好的方法，如图5-21所示。

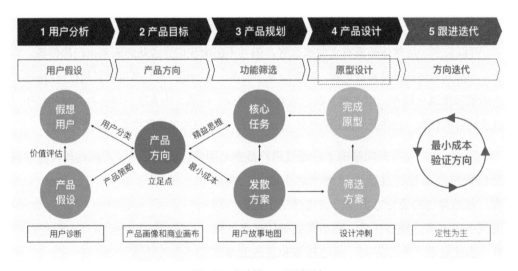

图5-21   探索期——原型设计

5.5.1   MVP实践的局限

虽然现在已经有越来越多的团队开发最小可行产品，快速推向市场试错。不过在快速的同时，容易忽略试错的本质，最后沦为快速开发的代名词。具体体现为以下3点。

① 忽略试错目标，为了MVP而MVP，投入市场后"撞大运"。

② 把MVP等同于粗糙的版本，忽略重要细节（最小成本并不意味着糟糕的体验）。

③ MVP推向市场后效果不佳，把问题归结于产品太粗糙。

为什么会发生这种情况？因为定义试错目标难，但执行容易。人总是懒惰的，所以在具体实行MVP理念时很容易忽略战略的部分，直接进入战术阶段。再者，MVP字面上的意思就是"最小可行产品"，所以实践中大家就只记住这个了，而忽略了MVP最本质的精髓是"试错"。

因此，这里向大家介绍谷歌的设计冲刺法（Design "Sprint"）。如果说MVP是一个优秀的理念，那么设计冲刺法就是最佳实践MVP理念的方法。它可以通过原型试错，省去开发时间，把想法和认知完美地联系在一起，真正做到"最小成本"来"试错"，并且保证了设计质量，如图5-22所示。

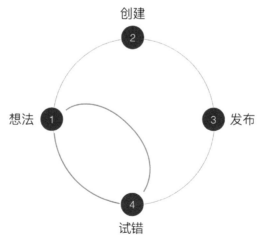

图5-22　设计冲刺法的妙处

5.5.2　设计冲刺法

设计冲刺法完美地结合了MVP理念和设计思维。它用1天来分享前期的用户调研、产品方向等信息并确定需要解决的问题，接下来3天完成原型，最后一天检验，如图5-23所示。

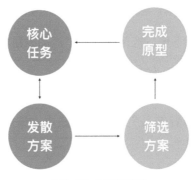

图5-23   设计冲刺法

具体安排如下。

第一天，核心任务：描述问题，选出集中解决的着力点。

第二天，发散方案：在纸上列出所有备选方案。

第三天，筛选方案：做出艰难的选择，并将选中的方案转化为可测试的猜想。

第四天，完成原型：制作真实的原型。

第五天，测试原型：进行真人测试，看是否达成核心任务。

具体怎么实行呢？《设计冲刺》这本书里举了个咖啡网站的例子。

第一天，团队确定目标：新用户在网站上成功选购咖啡豆。

第二天，团队成员分别草拟了对线上商店的设想，最终得到15个备选方案。解决新用户如何在网站上成功选购咖啡豆的问题。

第三天，团队成员进行投票缩减范围，决策者在最终胜出的三个方案中进行选择（方案一：网页风格和实体店非常类似；方案二：包含很多文字，再现了咖啡师经常与客人对话的内容；方案三：按冲泡方法给咖啡豆分类），最终决定3个原型都做。

第四天，利用Keynote做出了3组模仿真实网站的系列页面。

第五天，让用户试用这几个"网站"，看他们的实际反馈，最终选择了效果最好的方案二。

几个月后，新网站上线了。结果令人惊叹，在线销售额翻倍增长。

通过这个例子我们可以看到，设计冲刺法完美地平衡了"最小成本"及"设计创意"。在目标如此精准、时间如此短暂的前提下，依然有3个不错的方案可供选择。

当然，使用设计冲刺法时需要特别注意以下5点。

① 团队最理想的人数是7人或更少。

② 一定要让有最终决策权的人参与。

③ 闭关冲刺（可以搬到一个固定的会议室，全体成员5天只专注做设计冲刺）。

④ 使用白板随时记录进程。

⑤ 适用于风险高、时间紧、起步难的情况。

关于设计冲刺法的具体内容，这里不再赘述，有兴趣的同学可以看看《设计冲刺》这本书。Google Venture下的设计团队在进入迭代前，会事先预约好真实的用户，并承诺在5天内打造一款产品原型给他们进行测试。在高强度的压力下，Google的设计师会从理解用户开始到定义问题，通过原型传达核心的产品形态。5天后向用户展示可感知的"外观"，检验真实的用户需求。这个过程并没有真正设计一款产品，而是通过设计的方式做了一次早期的用户调研。

为了便于大家实践，我在这里推荐几款高保真原型工具：可以用Keynote做PC端产品流程和操作的演示；用POP或墨刀做简单的移动端Demo，如图5-24所示。

Keynote　　　　　POP　　　　　墨刀

图5-24　高保真原型工具

设计冲刺法可以避免过早投入开发阶段，同时也避免集中过多精力于实际产品上，而是把目光聚焦于初始的想法及试错上。但由于设计冲刺法需要有决策权的人（高级管理人员）参与，所以在操作上有一定难度。而且我们不可能针对任何问题都去做设计冲刺，在实际工作中可以根据情况采取适合的方法。比如先用设计冲刺法打头阵，确定方向后再用用户故事地图的方法明确后续的工作节奏。

在MVP理念诞生之前，我们常寄希望于调研来消除商业中的不确定性，在产品正式设计或发布前做大量的调研工作，周期长且效果甚微；而现在，只有将调研与产品设计能力合二为一，才能应对更为复杂多变的商业环境。如何合二为一，简单来说就是颠倒顺序：以往调研是为了产品设计/实施，而如今产品设计/实施是为了调研。这真是个有意思的变化！

此外，还有一个将调研和创建过程融合的案例是近年来风靡硅谷的黑客增长（Growth Hacking），原本隶属于不同职能体系的市场人员、运营人员、工程师和设计师被融合到了一个增长团队中。通过这样跨职能的融合，让团队具备更多元化的视角和可能性，而任何的可能性都可以被"灰度"发布给用户，进行反复的调研和优化（有兴趣的读者可以阅读一下《增长黑客》这本书）。

5.6   方向迭代——船小才好调头

5.6.1   定性为主

原型测试或产品上线后有两种情况：一种是反响热烈，证明产品方向正确，满足了用户痛点，这个时候用户就会提出完善功能的需求，那么就可以在原有基础上不断迭代优化。另一种是市场/用户反馈一般，用户表示没有特别想使用的欲望。这个时候就要深入探索是因为体验太差影响了基本功能的使用？还是没有满足目标用户痛点？或是已经让对手占领了先机？

如果是因为体验太差影响了基本的使用，那么可以根据用户反馈进行优化。如果没有满足目标用户痛点或已经让竞争对手捷足先登，那么则可能需要再寻找其他产品方向，或是更换目标用户群体，然后再反复实践这个过程。总之，这个阶段更强调定性的分析，而非某个具体的指标，如图5-25所示。

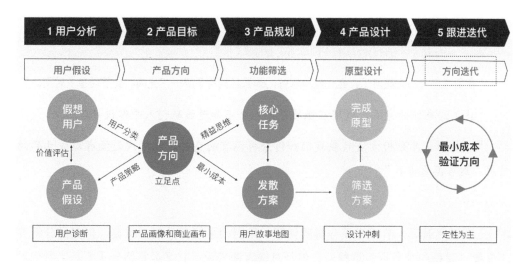

图5-25 探索期——方向迭代

5.6.2 掌控产品方向

探索期最重要的目标，就是在不断试错中掌控产品方向。

很多产品都是在经历一次次失败后，通过转型焕发了第二次生命。当然，幸运者毕竟是少数，更多的创业公司因为始终没摸清方向而失败。美国科技市场研究公司CB Insights曾经通过分析101家科技创业公司的失败案例，总结出了创业公司失败的20大主要原因，排在第一位的就是"缺乏市场需求"。产品方向不符合市场需求，即使是最顶尖的团队也会失败。

42%的失败创业公司出现过这个问题：创始人执着于执行自己的创意，却没有弄清楚创意是否符合市场需求。某创业公司的创始人对CB Insights说："我意识到实际上我们没有客户，因为没有人对我们开发的产品感兴趣。医生需要更多的病人，而不是一个效率更高的办公室。"

探索期的"用最小成本验证假设"的思路，能很好地应对这个问题。在产品投入市场之前就可以检验用户的想法，并根据需要做出调整。由于成本极小，改变方向也不会有什么后顾之忧，这样才容易用最快的速度找到正确的方向。

5.7　没有竞品如何做竞品分析

"我们这个产品太超前了，也比较难理解，如果能提前了解一下竞品，会节约很多时间。"

"找不到类似的竞品，我现在很迷茫，完全不知道该从何入手做设计。"

"以前的竞品分析方法只教我们如何分析现有的竞品，没考虑过没有现成竞品的情况，这可怎么办？"

……

之所以在最后一节谈竞品分析的话题，是因为了解竞品固然重要，但竞品分析并不必要（我指的是写报告这种）。但是对探索期来说，它又显得格外重要。当我们对产品一无所知、毫无把握时，竞品分析也许就是照亮前进方向的一盏明灯。

对于产品设计师来说，竞品分析是一项非常基本的技能，连学校里的学生都可以做得像模像样。但实际上，很多有经验的设计师工作多年，依然还在用学生"套公式"的方法，即先选择几个类似的竞品，然后分别对比功能、信息架构、布局、导航、操作、功能、可用性问题等，最后林林总总写了一堆。虽然从逻辑上来讲没有什么错误，但是这种分析并不出彩，也很难体现竞品分析的价值。

在做日常项目时，常规的竞品分析思路也许不会出现明显问题，顶多就是不出彩；但如果是面对探索期的产品，这样的设计师会完全无从下手，因为在探索期，你几乎找不到任何竞品。在这种情况下，才是真正考察设计师能力的时刻。

其实，只要有方法，即便是没有现成的竞品，我们依然可以做竞品分析，并从中找到方向感。

举个例子，我在阿里巴巴工作时接手了一款平台型大数据项目，当时需要重新设计产品的官网。但这个产品非常复杂难懂，方向也极其创新，可以说在世界上都是独一无二的。对我来说这是个极大的难题，别说是对这款产品了，对于整个大数据行业，我都是个门外汉。我必须先对此领域有基础的了解，这就不得不借助竞品分析，并从中找到设计方向。

5.7.1　更多角度寻找关联竞品

虽然没有类似的产品，但是可以找接近或在某方面沾边的产品。

经过思考以及和业务方的讨论，我们认为可以从业务、行业和设计3个角度来找竞品，如图5-26所示。

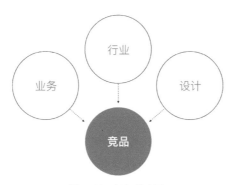

图5-26　如何找竞品

所以竞品范围主要分为3个部分。

① 业务类似的大数据产品（以国外的为主，国内类似的实在没有）。

② 业务有关联的大数据产品（具体业务不同，但在更大的范畴内有关联，以阿里系为主）。

③ 相似业务中设计比较好的产品。

即使这样，范围还是太大，比如国外比较有影响力的大数据网站就有几百家。那我们主要可以分3个方面来考虑：一是科技巨头，比如亚马逊、谷歌、微软、IBM（巨头虽然不一定什么都做得精，但毕竟实力在那里，做什么都不会太差）；二是在专业领域有影响力的老产品（比如专门做数据的公司）；三是有潜力、获得业界认可的新产品。

这个思路可以适用于各行各业。比如做互联网金融产品，可以寻找和自己属性完全相同或相似的竞品，也可以寻找业务方面有关联的产品，比如银行、保险、股票证券甚至众筹。就同业务或相似业务的竞品来说，可以按三个方面来考虑：一是互联网巨头，比如阿里巴巴、腾讯、百度、京东旗下的金融产品；二是专门做金融产品的公司（也许在线下已经做了十多年了，最近才开始转战互联网，虽然互联网方面做得不见得多好，但却有扎实的金融背景）；三是在市场上崭露头角的创新互联网金融产品。最后可以看看近几年的设计发展趋势。

5.7.2 竞品纵横对比法

纵横对比法分为3步：分别是横向分析、纵向分析、对比分析。由于要做官网设计，所以这里主要以设计方面的分析为例介绍方法；如果想分析功能层面，也可使用同样的方法。具体分析什么并不重要，重要的是解决问题的思路。

1. 横向分析（宏观分析竞品）

对于自己不了解的业务（尤其是比较创新的），建议不要一上来从细节（比如功能、信息架构、导航等）入手分析，而是尽量从宏观角度分析。

比如我从"描述、定位、地位、设计"这4个维度分别进行分析，来看这些产品的定位与我们产品的差异化以及设计给人的整体感受。通过这种方式，我们对全行业的产品有了初步的印象和了解，如图5-27所示。

	描述	定位	地位	设计
amazon	Amazon Web Services 提供了可靠、可扩展并且费用低廉的云计算服务	IaaS PaaS	2013年，亚马逊AWS的市场占有率是其他14家主要公司总的五倍	手绘风格干净、清爽
Google	Google Cloud Platform 提供弹性十足、稳定可靠的基础架构，帮助开发人员轻松建立、测试及部署应用程序。Google Cloud Platform 提供完善的运算、储存以及应用程序服务，您可以为自家的网络、移动服务和后端平台找到完美的解决方案	PaaS	希望成为AWS的有力竞争者，试图用更低的价格吸引用户	中规中矩，风格简洁舒适，有一定的科技感，结构和亚马逊类似
Azure	Windows Azure是微软基于云计算的操作系统，主要目标是为开发者提供一个平台，帮助开发可运行在云服务器、数据中心、Web和PC上的应用程序。云计算的开发者能使用微软全球数据中心的储存、计算能力和网络基础服务	PaaS IaaS	AWS的竞争对手	结构和亚马逊、谷歌类似，但是设计很简陋
阿里云	阿里巴巴集团旗下公司，致力于打造公共、开放的云计算服务平台	IaaS	中国第一大云计算公共服务平台，运行着几十万家客户的电商网站、ERP、游戏，移动App等各类应用和数据。被aws视为在中国最有力的竞争对手	设计质量尚可，比较本土化。产品架构图是亮点
IBM-Bluemix	Bluemix是基于云的开放式标准平台，用于构建、管理和运行所有类型的应用程序，如 Web、移动、大数据和智能设备。功能包括 Java、移动后端开发和应用程序监视，以及来自生态系统合作伙伴和开放式源代码的功能（全部作为一个服务在云中提供）	PaaS	Bluemix如同云服务新的杀手锏，将开发与生态的理念深度地贯穿到各行各业，并助ISV从API经济中充分获利，使他们的应用能力得到最大程度的发挥	标志性的蓝色和卡通、科技感完美的融合

图5-27　宏观分析竞品

这里省去了具体对比的过程，而是用最终的"洞见"（洞察事物的本质）来替代，即我从对比分析中看到了什么、想到了什么，最后用自己的话总结出要点。这样的好处是节省时间、提高效率，先粗略地扫一遍竞品，再从中挑出有进一步分析价值的竞品深入分析，而非一上来就陷入分析细节。

2. 纵向分析（深入分析竞品）

通过上一个步骤，我们已经大概了解哪些竞品值得进一步分析下去，而哪些应该在这个环节摒弃。

选出4～5个不错的竞品，用卡片的方式罗列下列内容：产品首屏、名称、定位、描述、行业地位；设计优点/缺点、适用场景/局限、与自身产品定位的共同点/差异点；最后推导出设计上可借鉴/需规避的地方，如图5-28所示。

图5-28　竞品卡片

当然，这些内容是灵活的，可以根据产品的特征及自己的需要适当删改。我认为这个推导逻辑（见图5-29）还是很重要的，避免我们凭借直观感受去"借鉴"或"参考"，而忽视了产品定位、人群场景方面的差异性。

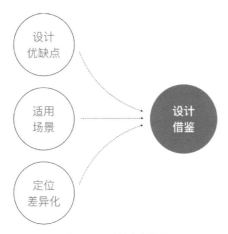

图5-29　设计方向推导

3．对比分析

写完竞品卡片后，我们已经对这些网站的设计优劣以及可以参考及规避的地方心里有数了。现在我们再做个综合的对比分析（见图5-30），把头脑中朦胧的感觉落实到纸面上。

竞品	共同点	差异点	设计策略
竞品1			
竞品2			
竞品3	科技感十足 友好易懂　＋	产品类型多 场景复杂　→	体现科技感、友好易懂的 呈现方式；同时注意要更
竞品4			加直观地从不同场景角度
竞品5			陈述产品价值
竞品6			
竞品7			

图5-30　对比分析

我们可以总结出这些竞品的共同特点及设计风格，并把这视为行业的共性特征，在设计时适当遵守，以避免偏离行业属性。

由于一开始分析时没有过于在意视觉风格，以至于后来做视觉设计时吃了不少亏。老板屡次表示不满意：你们这明显是C端的风格，看起来根本不像这个行业的产品。包括后来在宜人贷，老板也经常强调：不要设计出根本不像互联网金融的产品。可见对设计师来说，了解行业共性特征是多么重要。很多时候，对方跟你说"你们参考一下×××，或者直接仿照×××来做"，并不是他真的希望你仿照其他产品来做，而是实在没耐心等而已。

当然，了解共性只是最基本的，我们必须在保持共性的基础上找到自己的特点。所以我们还需要归纳产品和竞品在用户、业务方面的差异，来探索合适的设计方式，而不是盲目跟随竞品。

最后是我们的设计策略：在哪方面需要参考竞品（行业共性特征），在哪方面需要规避竞品的设计风格（比如考虑我们定位上的差异化）。

做完竞品分析并不就这样结束了，还有最重要的一点：如何用结论来指导最终的设计。

汇总上一步骤归纳出的共同点及差异点并加以细化，就得出了我们产品的特点。可以根据产品设计策略，逐条对应并具体化，这些内容给产品设计师带来了官网建设中关于模块、文案风格、设计风格等多方面的综合建议，如图5-31所示。

御膳房特点（共同点+差异点）	对应设计点
用户角色较多，诉求差别很大	需要分角色描述用户需求
角色/产品/解决方案间有交叉，关系错综复杂	需要分别介绍角色、产品、解决方案，并以完整案例串通，来说明产品如何运作、满足用户需求；首页也要体现出角色、产品
产品模式新，不容易理解	强调产品理念、价值、特色，以及我们为什么用户解决什么问题。注意用有说服力的语言打动用户
工具类产品，解决用户的实际问题	一针见血，直奔主题，给人"有用""高效"的印象
都属于大数据/云计算类的产品	考虑竞品在设计上的共同特征，比如设计风格要有科技感，但又不失清新活泼

图5-31 产品设计策略

当然，我们的产品类型非常复杂，如果你的产品比较好理解，可以在此基础上适当简化步骤。

通过这种方式，我们既了解了行业，也更加了解自己的业务，以及与竞品的差异点，还可以在设计方面做到不盲从于竞品，找到自己的特点。对于初入陌生领域的产品设计师来说，这种竞品分析的方式还是非常有帮助的。

总结一下探索期产品竞品分析的思路。如图5-32所示，第一步是寻找竞品，找到正确的竞品范围是成功的一半；第二步是对竞品进行宏观的分析（横向分析），从中找出适合深入分析的竞品；第三步是通过竞品卡片的方式对竞品进行深入分析（纵向分析）；第四步是对比分析；第五步是前几步的总结和提炼，得到行业共性及我们产品的差异化，以及对应的设计策略。需要注意的是，整个过程都是以分析和洞察为主，也就是每一步都有个人的见解在里面，并且最后有总结、有指导方向；而非传统的竞品分析方式，即从各种细节角度罗列不同产品的客观差异性，却缺乏最终的设计指导，如图5-32所示。

图5-32　探索期竞品分析思路

简单地说，就是从关联竞品中找到共性，在设计中保持共性，以及从关联竞品中找到差异点，在设计中反向或区别对待。

第6章 在成长期活得好——明确竞争优势

6.1 运筹帷幄和大步向前的成长期

"产品发展有一段时间了，但是还搞不清楚目标人群，产品差异化也不明显，整天追着竞品看，太没劲了。"

"我们该不该做品牌呢？要不要做个吉祥物？首页都出了几十个方案了，业务方还是不满意。"

"该如何专业有效地提升用户体验？"

······

探索期的产品一旦确定方向，就会很快到达成长期。我们先通过图6-1回顾一下成长期的特征。

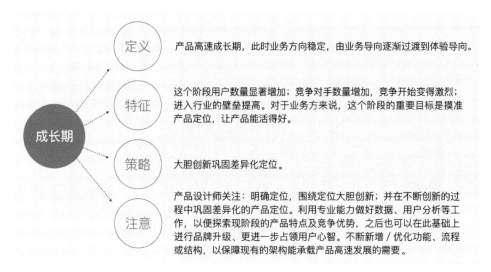

图6-1   成长期重要特征

那么成长期的具体设计流程应该是怎样的呢？请看图6-2。

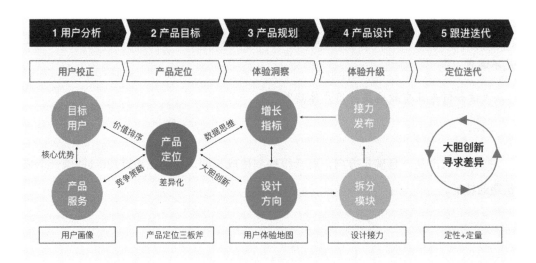

图6-2   成长期设计流程

在成长期，产品方向已经明确，重点在通过具体的产品实施（功能/体验大胆创新、优化）来改进产品，从而建立竞争优势，巩固产品的领先地位。

6.1.1　如何活得好

产品在成长期，已经有了一定数量的用户，我们可以实际检测一下目标用户和当初假设的那部分人群是否一致。举个例子，阿里巴巴某款娱乐类产品，一开始锁定的人群是90后，运营了一段时间做用户调研，才发现其实大部分用户都是70后、80后。这个时候一般有两种选择：一是根据实际情况改变目标人群，这样产品设计师就可以针对70后、80后的用户做功能及体验方面的优化；二是改变产品运营策略，坚持服务于90后人群。这个就看产品方向修正了。

接下来要进一步明确产品定位（为目标人群提供什么差异化的服务、创造什么差异化的价值）。这是一个至关重要却又经常被忽略的环节，因为定位确实很难，工作人员做不了主，领导踌躇不决，导致大家只能先跑马圈地，或是紧盯着竞争对手的节奏，再要不就是持续优化体验。

但错误的定位也好过没有定位。由于经过了探索期，产品方向已经明确了，所以在成长期更重要的是知己知彼，确立差异化的竞争策略。可以通过竞品分析、用户访谈、数据分析等方式探索产品的优势，当然，如果有个高瞻远瞩的领导能凭借敏锐的洞察力直接做出正确判断就更好了。

明确了定位，就可以在此基础上优化产品，并判断优先级。比如网易新闻客户端早年经常收到用户的抱怨，说新闻更新速度太慢、内容少，但是产品经理一直坚持自己的风格。因为网易新闻客户端的定位是要走精品路线，既然要做精品，就不必实时抓取海量新闻。

在定位准确的前提下，我们每完成一次大胆优化，就应该有更好的效果，比如用户的留存度、活跃度、推荐意愿、消费金额等大幅提升。如果没有这个迹象，那也许我们应该重新寻找差异化的道路谋求更好的生存空间。另外，在成长期，我们可以通过适度的品牌建设强化用户心智中的差异化程度。

成长期的产品失败，一般都是因为差异化不明显导致的。所以对于成长期的产品来说，"大胆创新"和"差异化定位"的思想是非常重要的。只有大胆创新才有可能敢于差异化定位产品；差异化定位也迫使大家通过创新迎接挑战。成长期最忌讳的就是不敢轻举妄动，只敢跟在竞争对手的后面跑，那就很难建立自己的竞争优势。

6.1.2　关键词：产品定位和大胆创新

关于差异化的产品定位及大胆创新，下面给大家讲讲星巴克的故事。

星巴克最开始并不卖咖啡，而是专卖咖啡豆，并且只在美国销售。直到1983年，一位业务经理去意大利出差，发现意大利的咖啡文化与美国有很大的差别：在美国，咖啡只是一种廉价饮料，大部分人都在家里喝。而在意大利，咖啡是一种广受欢迎的、可以促进人们社交的饮料，并且价格不菲。于是他猜想：美国人的收入水平并不低于意大利，要是把意式咖啡馆搬到美国，会不会很受欢迎呢？后来，他在星巴克店里找了一小块地方尝试他的假设——制作并售卖意式咖啡（探索期的方向假设），并取得了不错的效果。但是星巴克高管并不看好这个设想，认为意式咖啡在美国也不是什么新奇的东西，并且市场份额很小，他们还是坚持只做咖啡豆。他们当时的方向是不是很明确？即只做好咖啡豆的业务，不追求规模扩张。后来那个业务经理就离开了星巴克，按照自己的设想创立了新的意式咖啡馆（方向已被验证，进入成长期）。可他并没有满足于保持当时的设想不变，而是不断改变经营策略（通过大胆创新，与其他意式咖啡差异化竞争，巩固产品的差异化定位）。比如他把意大利语从菜单里去掉了，也不再播放歌剧，取消了咖啡师穿意式马甲、打领结的规定。他摆脱了意大利模

式，开始在咖啡馆里摆上椅子，供顾客坐下来享用咖啡。他又发现美国人希望咖啡馆能送外卖，就率先引入纸杯（见图6-3），并且送货上门；又发现美国人喜欢在拿铁咖啡中加入脱脂奶，就推出了加入脱脂奶的咖啡。1987年，这位业务经理收购了星巴克，但保留了它原来

图6-3　星巴克纸杯

的名字，而"新星巴克"的主营业务也不再局限于出售咖啡豆，而是同时出售咖啡饮品。到了2001年，星巴克在全球已经拥有4700家连锁店，并且绝大部分收入都来自于咖啡饮品和其他食品，不再是咖啡豆。

可以看到，在"新星巴克"早期，创始人提出了"把意式咖啡搬到美国来"这一假设，并证实这个假设是成功的。当然这还不够，因为当时市场上已经有不少意式咖啡了，如何能在竞争者当中脱颖而出，占领更大市场份额，是创始人在成长期需要重点考虑的。因此，"新星巴克"创始人通过敏锐的直觉和判断力把握用户需求、看到新的机会点、不断创新，最终建立了自己独特、差异化的产品定位。

需要注意的是，这里说的定位有别于传统意义上的"定位"理念，它并非一锤定音，和探索期的产品方向一样，产品的差异化定位实际上也是通过迭代慢慢形成的。到了成长期的末期，我们才可能更直观地感受到产品的竞争优势。在此之前，可以理解为摸索产品差异化定位的过程。

6.2　用户校正——知己知彼

下面我就开始正式地介绍成长期的产品设计流程了。首先是用户校正部分，在这一部分，我们会明确目标用户以及对应的产品服务及核心优势。在此过程中，我们会用到一种很有力的工具——用户画像，如图6-4所示。

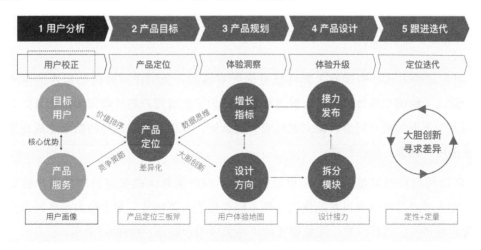

图6-4　成长期——用户校正

6.2.1   校正目标用户

在探索期，我们的目标人群是基于假设得出的，当产品步入成长期后，用户数高速增长，这个时候我们就可以通过数据分析或用户调研，来看实际的用户特征和之前假设的人群特征是否吻合。

以宜人贷某借款模式为例，初始人群定位是一二线城市80后白领用户，借款用途为日常消费。后来通过分析后台数据及问卷分析，发现实际用户确实集中在一二线城市，但白领用户比预期的要少，个体户/兼职创业者比例不小，借款用途主要是资金周转。

当实际人群与之前预想的不一致时，需要决策者做出判断：是把实际人群作为新的目标人群，还是坚持原先设定的目标人群呢？这事关重大，因为选择不同的目标人群意味着相应的产品、运营策略等方面都要随之改变。

经过反复权衡，决策者决定通过调整功能入口的优先级，逐步提升白领人群的占比。这样既不会对现有的业务造成严重冲击，又可以降低产品未来的风险。

需要注意的是，校正实际用户和后面的流程并不一定是完全线性的关系，整个决策周期也许会很长。在这个过程中，我们可以先调研实际的用户，看他们有哪些特征？选择产品的原因是什么？据此推导出产品的核心优势，给领导层提供更多的判断依据。

6.2.2   用户画像

用定量的方式分析现有人群特征是远远不够的，我们还需要借助定性的用户调研，深入了解用户群体，并对人群进行细分。为了把对用户的理解同步给项目组乃至公司上上下下的所有同事，让大家形成一定认知，我们需要把最终的结果生成虚拟而形象的用户画像，以便传播。

可以按照启动准备工作、了解用户概况、用户细分（成长期的产品用户数量较大，对人群进行细分可以帮助我们了解不同类型的人群特征，集中精力服务好最重要的用户群体）、定性挖掘、定量验证的思路完成用户画像，如图6-5所示。

图6-5 用户画像思路

图6-6是完成宜人贷某借款模式（这里仅做示例，实际工作中建议调研产品整体情况，这样才对后续了解产品定位有所帮助）的用户画像过程。

步骤	方法 / 行动	结论
第一步：准备工作	确定目标	了解实际使用产品的人群特征及选择该产品的理由
	确定范围	某个时间段成功使用该产品的用户
第二步：用户概况	后台数据分析、问卷调研补充	用户年龄、性别、所在城市、学历、婚姻状况、收入、借款用途等信息
第三步：用户细分	结合后台数据及问卷数据做聚类分析	勉强聚类出三类人群，但是区分并不明显
	聚类分析失败，通过电话访谈、内部访谈等找思路	通过电话访谈及内部产品、运营人员访谈得出洞见：也许可以按照身份（比如白领 / 小微企业主 / 创业者等）对用户进行区分
	后台数据＋问卷分析，验证不同身份的人群差异	发现不同身份的用户属性区分依然不明显
第四步：定性挖掘	线下一对一访谈找原因	终于发现问题所在：用户身份多有交叉，很多工薪也在兼职 / 投资 / 创业，所以无法细分
		深入了解用户特征、目标、期望及选择我们产品的原因等
第五步：定量验证	问卷调研	验证我们定性调研的假设：绝大部分用户身兼多职
		验证定性调研的其他重要结论

图6-6 用户画像完成过程示例

在这个过程中，有两点对我触动很深。

第一，我参与过很多次用户调研，基本都是把用户召集到指定地点，由于大家都生活在一线城市，所以感觉彼此差距不是很大。但这一次，业务主管建议，我们来到武汉（因为我们有很多用户都生活在二线城市）对用户访谈，才发现实际的用户和我们想象中差别很大。如果不是身处他们的环境，和他们近距离接触，我想我永远不会了解。这种效果好过做大量的数据分析和问卷调研。所以如果想做好产品设计，一定要亲自接触真实的用户。

第二，特别需要注意的是，调研过程中不要过于依赖严谨的研究方法和计算能力，而是一定要结合假设。我自己的一个亲身经历是，在调研初期没有深入研究业务，而是直接分析数据，最后结论没得出来。在业务主管的指引下，我们从分析业务着手，发现了切入点并提出假设，再用数据验证，问题就迎刃而解了。所以数据分析及用研能力只是手段或工具，一定要结合对业务的理解和判断。通过这次经历，我也明白了为什么以往设计师或用户研究员做调研总是很难落地，就是因为对业务理解得不够深刻，没有事先提出假设的缘故。

经过深入调研，最终确认我们只有一类目标人群，最后生成用户画像。画像中的人物是真实用户的虚拟代表，建立在一系列真实数据之上（此处略去部分真实信息）。

画像的内容并不是固定不变的，可以给出你认为最重要的部分，比如用户信息、用户故事、标签（感性认知、数据分析结果均可）、问卷调研中重要的信息等，如图6-7所示。

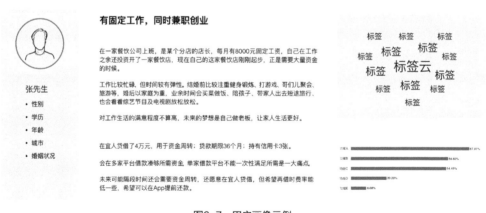

图6-7   用户画像示例

是不是这样就可以了呢？还不行，因为这样的表述方式太偏"设计"角度了，看完了让人印象不深刻，也很难实际落地，所以我们还要把它转化成业务角度去描述（此处略去部分真实信息），如图6-8所示。

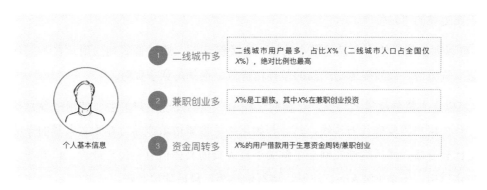

图6-8   用户画像提炼

在这里，除了用户的基本信息外，我只提炼了3个要点，再分别用相关数据证明。这些要点至少符合以下3个特征。

① 背离业务方之前对用户的认知。比如业务方初始人群定位是白领，后来发现真实的用户人群和初始定位有出入，那么这就是特别值得留意的地方。

② 和主流人群不一致。比如男性、95后人群、年轻妈妈等，需要特别注意较有特点的人群。又或者用户属性或喜好比较特殊，比如身兼多职、不喜欢娱乐节目等。

③ 可以用数据验证。每一条论点都必须有充足的论据做支撑。比如画像中提出"用户借钱多用于资金周转"，就不仅要告诉大家这部分用户占比是多少，还要横向和其他用途对比，并纵向和竞品对比，来证明这个结论是成立的。

相比以前让人抓不住重点、长篇大论的用户画像，经过提炼的用户画像更容易让大家记住，也更容易落地。尤其当你把这个结果传达给部门领导、部门所有同事时（用户调研的结果应该尽量向高层汇报，并让更多人知道，才能更好地帮助业务方决策），尤为有效。

6.2.3　核心优势

除了了解实际用户特征和基础的调研信息外，还有一点至关重要，这也是调研过程中很容易忽略的一个环节——用户为什么从众多竞品中选择了我们的产品。

了解这一点，有利于推导出产品目前的核心竞争优势是什么，这很有可能就是我们正在追寻的"定位"。

可以列出用户使用产品过程中的每一个关键环节，通过调研列出用户在不同环节是怎么决策的，最后提炼出产品的差异化价值，也就是竞争优势。

还以宜人贷借款模式为例，在调研过程中，我们发现用户的主要使用过程是这样的：首先用户需要借几万块钱，然后开始用手机搜索借款产品，看到宜人贷的介绍后感觉比较合适，然后继续在网上了解关于宜人贷的具体信息、用户评价、口碑等。终于决定试用，于是下载App、注册、填写资料等，最后款项到账。

因此在总结调研结论时，我们按照这个流程汇总了用户在每个关键环节、影响用户做出决策的原因，并排列出优先级，结果如图6-9所示。

图6-9   用户为什么选择我们

我们发现用户选择该款产品最重要的原因是额度合适，因为对他们来讲这是刚需。当用户需要几万元钱时，只有宜人贷能满足需要。

也许有读者特别不理解："随便用支付宝、微信或者银行的借款产品都能借到几万元钱，有这么难吗？"这时之前做的用户画像就派上用场了。由于我们有很多用户都位于二三线城市，收入有限，所以这些借贷产品能提供给他们的额度自然也不高。经过探讨，我们认为：宜人贷之所以能比同类产品提供更高额度，得益于母公司宜信在金融领域十多年以及宜人贷5年的数据和风控经验积累。因此宜人贷在风控方面具有很高的行业壁垒，可以给用户更高的额度。

在考虑产品核心优势时，我们需要特别注意以下两点。

① 用户差异化特征。我们的用户和主流用户有什么区别？特征是什么？

用户差异化特征和产品优势息息相关。比如，单说额度，宜人贷的额度并不是最高的，但是对于二线城市的用户来说，它的额度是非常有优势的。所以脱离用户特征谈产品优势是没有意义的。

② 用户使用我们产品的核心理由是什么？这里只列出有决定性因素的理由，不要罗列锦上添花的理由。只有具有决定性因素的理由，才有可能和"定位"有关。

比如，通过这次调研，我们发现用户选择宜人贷的决定性因素是额度合适。这和之前问卷的结果并不一致，问卷中用户普遍选择的是"速度快"（也有可能是因为宜人贷长期宣传"速度快"，给用户留下了深刻的印象）。包括在实际访谈时，也没有一个用户说出宜人贷的优势是额度高。

后来经过分析我们认为，用户没有把额度高作为产品优势，而是当作定位。就好像买女装倾向于去天猫，买电器倾向于去京东一样，大家不会认为这是优势，而是不同产品的不同定位。调研时我们很容易犯这个错误，即总是问用户"您觉得我们产品的优势在哪里"（这个时候用户只会说快、方便等），而忽视了用户选择我们产品最本质的原因。这需要调研者有深刻的洞察能力，而不是仅聚焦于表面上的问题。

当然，考虑到借贷产品的特殊性，我们没有关注用户后续留存的问题。如果你的产品是消费类产品或社交类产品，还可以补充一些问题，比如对产品哪些地方不够满意？是否愿意再次使用？哪些因素会让你倾向于今后更频繁地使用等。

6.3 产品定位——我要怎么做

产品核心优势是否就是产品的定位了呢？别急，先看看什么是定位。

通过前面的步骤，我们了解了目标用户特征及产品核心优势。接下来我们还需要了解用户价值排序和产品竞争策略。它们共同构成了产品定位的内容，如图6-10所示。

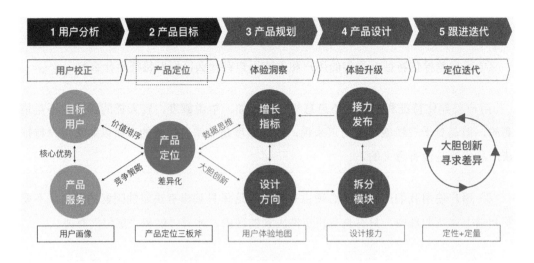

图6-10 成长期——产品定位

6.3.1   "过气"的定位理论

在大多数人的认知中,产品定位应该是决策者从一开始就定好的,然后围绕这个定位做宣传、优化功能/体验,通过日积月累的重复让用户加深记忆。比如脑白金的"今年爸妈不收礼"打了十多年的广告,以至于很多中年人一想到给父母送礼,就会想到脑白金。正是因为数十年坚持这个定位不动摇,才造就了今天脑白金坚不可摧的地位。

这个理念看上去似乎无懈可击,但实际上远不是这么简单。流传了几十年的"定位"理论,现在已经不再适用了。

首先,时代不一样了。

过去产品类型少,消费者选择余地也少。

过去的传播媒介也少:在互联网兴起之前,我们主要通过报纸、杂志、电视、广播了解产品信息,但现在我们可以通过微信、视频、网页、直播等多种形式获取产品信息。在这个信息爆炸的时代,营销成本大幅增加,营销广告更重要的是在短时间内能吸引用户。

过去的购买渠道少:以前我们只能在超市或商场中购买心仪的产品,所以只要产品能占领超市最佳货架或商场最佳位置，就不用担心销路。但是现在，用户可以通过网络购物货比万家，也许仅仅一个刺激点就足以让用户立刻下单购买，而不必经过长期营销。

过去我们动辄五年规划、十年规划，而现在我们甚至难以预料明年会发生什么，谁知道又会有什么黑马横空出世呢？这也使得长线定位将成为历史。

对比过去，现在产品类型丰富、传播媒介更多、购买渠道更多、不确定性更多、用户比以往更挑剔更难满足，所以既要勇于创新又要占领先机，这需要强大的执行力而不仅仅是宣传能力。

其次，互联网和传统企业性质不同。

过去我们看定位理论，更多还是偏向于传统企业。而互联网讲究唯快不破，不在变化中爆发，就在静止中死亡。你慢了一步，可能就会被竞争对手无情吞噬。并且市场瞬息万变，今天你融资千万，谁也保证不了你能活到明年，这就意味着"变化""创新"必须成为常态，还要配合强大的执行力，才能做到适者生存。

即使是传统企业，现在也在讲究加快节奏、适应变化。所以一锤定音的定位理论，已经不适用于今天的情况。

那么是不是我们就该彻底抛弃"定位"了呢？当然不是，定位依然重要，关键是怎么个"定"法。

6.3.2 产品定位三板斧

经过观察和总结，我发现成功的企业往往不是靠定位"定"出来的，而是在不断的试错迭代中演化出来的。这和探索期通过不断迭代确定产品方向有异曲同工之妙。区别只是在于：探索期关注的是做什么方向，成长期关注的是在该方向上如何和竞争对手拉开差距、独树一帜。

所以产品定位其实就是差异化的产品方向：我们为什么类型的用户提供什么差异化的产品或服务？为用户创造什么差异化的价值？它应包含三部分：差异化的目标用户群体、差异化的产品及服务、差异化的产品价值。它们之间的关系如图6-11所示。

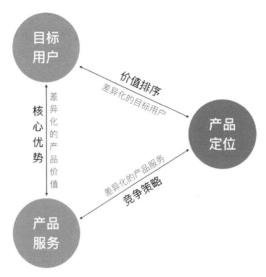

图6-11   产品定位三板斧

为了简便，下文把"差异化的产品价值"简称为"核心优势"，把"差异化的目标用户"简称为"价值排序"，把"差异化的产品服务"简称为"竞争策略"。

1. 价值排序

我们不仅要了解实际用户的特征，还需要明确用户分类及相关利益群体，然后明确把谁放在第一位，这就是价值排序。

比如创业者除了考虑目标用户外，还不得不考虑投资者的要求；企业里的项目负责人也不得不考虑高层领导的意见；产品经理可能需要权衡不同类型用户群体的需求……

有些产品仅仅按照用户性质区分，就有多种类型，更不用说每种群体内再进行细分了。比如，阿里巴巴一款面向卖家的工具型产品，按照店铺的规模，把用户分为小微卖家、中小卖家、中大卖家、大卖家和超大卖家5个类别。每个类别又有店长、客服等不同角色。再如，京东商城认为自己的用户不仅仅是网上的消费者、供应商和卖家，还有线上、线下的其他零售商、品牌商与合作伙伴。

面对不同利益群体的需求时，应该重点考虑谁？这就要看价值排序把谁排在第一了。价值排序是企业价值观的一种体现，当遇到分歧时，通过价值排序我们就可以快速做出决策。

优秀的公司在价值排序方面一定是非常明确的。

以美团为例，美团是第一家推出"未消费过期退款"功能的，虽然现在这个功能已经不新鲜了，但在当时，这是一个很大胆的想法，因为很多团购网站主要就靠这个挣钱。为什么美团能做出这个决策？因为美团的价值观是：消费者第一，商家第二，员工第三，股东第四，老板第五。当美团发布了这个新闻后，竞争对手纷纷跟进，但美团已经占领了先机，给媒体及用户留下了良好的印象。

再举个例子，和同类网站相比，汽车之家一直把满足用户需求放在首位，所以当用户需求和客户需求发生冲突的时候，公司往往会舍弃客户需求。比如某汽车厂商花了大价钱要求编辑在评测中为自己家的汽车美言，但编辑坚持自己的判断，实事求是地评测了该汽车的大量缺点。但就是这样犀利的测评风格深受用户支持和喜爱，让汽车之家的用户数量越来越多、黏性也越来越高，最后车企尽管要冒着很高的风险，也不得不在这里投钱。

有很多人会说：我们公司一直提倡要以用户需求为导向，但在真正面对短期利益诱惑的时候，却往往很难把持住自己。比如当客户愿意给更多钱的时候，为了完成业绩KPI，自然就会选择牺牲用户的利益。正所谓知易行难，明确目标后还需要坚持贯彻，这样才有意义。价值排序一般是长期不变的，所以价值排序一定要企业负责人带头倡导、身体力行，而不是让其成为一句空话。

只要能把价值排序搞清楚了并真正贯彻下去，那么其实就是定位到了"差异化的目标用户"，因为能做到的人少之又少。

2. 竞争策略

竞争策略是指避实就虚地找到竞争对手的盲区或自己的优势所在，为用户提供差异化的产品服务，而不是一上来就和竞争对手硬碰硬。

比如前面提到的美团，在其他团购网站为了快速冲量做实物团购的时候，通过自身优劣势分析，坚持以服务类团购为主，避开和一众对手的惨烈竞争。当然，竞争策略未必一成不变，需要紧盯市场，随时做出正确的判断和调整。

竞争策略主要依赖于高层的洞见和判断，如果你的产品和竞争对手没有本质差异，那就要考虑是否可以服务于不同种类的人群或者能提供不一样的价值。比如同样是做零售，你的效率是否比别人更高？同样是做视频，你是否有独家好剧资源？同样是做金融，你的风险控制能力是否更强？同样是做电商平台，你的商品是否品质更好，或者是否可以考虑面向某类特定人群……

3. 核心优势

核心优势在前面已经介绍过了，这里就不再多说了。

竞争策略与价值排序以及核心优势的结合，就是产品定位。

比如美团一开始的定位就是以消费者为中心的一站式服务类团购网站。围绕这个定位，美团做了很多创新和尝试，最终坐稳了团购领域的第一把交椅，结束了团购大战。

新星巴克一开始的定位是把意式咖啡带给美国消费者，给消费者更好的体验（我猜测创始人并没有想过什么定位，只是他脑子里有大概的方向而已，但对于下面的执行者来说，摸索出这个定位很重要）。

当然并不是所有的企业都有如此的先见之明，即在最初就能准确判断好定位（当然也不排除是"事后诸葛"）。但我们可以形成初步的"定位假设"（即先定下初步的差异化方向），然后在敏锐洞察市场/用户的情况下，不断创新、试错、迭代"定位假设"，最终在日积月累中建立独一无二的竞争优势，形成明确的定位。

切记，不要追求一锤定音的完美定位，而是在快速执行中摸索定位，在快速行动中超越对手。

6.4　体验洞察——运筹帷幄好决策

即便我们明确了产品定位或有了初步的定位假设，也难免在执行过程中出现问题，比如大家对文字有不同的理解，或没有按照这个方向执行。这个时候确定正确的指标就至关重要了，即体验洞察（见图6-12）。毕竟文字可能是灵活的、有歧义的，而指标是明确的、客观公正的。

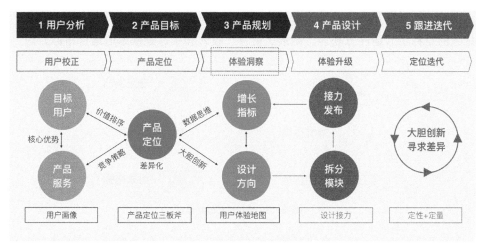

图6-12 成长期——体验洞察

6.4.1 增长指标

增长指标是对应于产品差异化定位的可量化指标，它的出现使得所有人朝着一致的、正确的方向前进成为可能。只有围绕增长指标而不是围绕现有问题，才有可能突破常规、想尽各种办法提升增长指标，最终做到"大胆创新、巩固差异化的产品定位"。

比如同样作为社交网站，MySpace把注册用户数视为最重要的指标，因为他们把投资人看作最重要的人；而当时还不起眼的Facebook把月活跃用户数视为最重要的指标，他们把用户看作最重要的人。经过一段时间的发展，MySpace虽然注册量非常大，但是活跃度很低；而Facebook一直保持很高的活跃度。最后在激烈的竞争中，Facebook完胜其他竞争对手。可见正确而清晰的增长指标对产品发展的重要性。

1. 增长指标的特点

除了对应差异化的产品定位，适用于成长期的增长指标还应该有如下特点，如图6-13所示。

假设你的差异化定位是：以消费者为中心的服务类团购网站。那么你的增长指标可以是与消费者留存和推荐相关的指标。注意，这里没有强调消费金额，是因为执行者可能会为了达成指标而损害用户体验，继而让这一指标成为虚荣指标。假设你的差异化定位是：以商户为中心的交易撮合平台，那么你的增长指标就是与获客和商户留存相关的指标了（请注意获客、激活、留存、收入和推荐是基本的运营指标）。

图6-13   增长指标的特点

至于用户满意度、任务完成度等主观的体验指标可以作为参考，但不能作为最终的增长指标。因为主观指标数据并不能说明什么问题，也不能证明为产品带来了实际的价值。只有转化、留存、复购等客观指标好，才说明产品真的对用户有价值，也间接地证明了产品体验良好。可能有设计师会持反对意见：影响产品转化、留存、复购的因素太多了，很多是在设计师能力范围外的，拿这个来衡量设计效果不合适。的确，这对设计师提出了更高的要求：不能像以前那样仅聚焦于界面相关的改动，而是统观全局、对所有影响体验的事情做出判断和推动（包括技术方面）。我相信使用客观指标衡量工作成果，能够帮助大家打破职能边界，得到更快的成长。

可能有人会问，具体到每个人的工作成果怎么衡量呢？如何证明设计师的价值呢？我们是这么做的：一方面主动发起优化建议，上线后看增长指标或相关指标是否有提升；另一方面主动申请立项（由于宜人贷采取项目制，所以当我们想到好点子后，可以主动发起项目），然后向目标角色（比如适合共同完成方案的数据、运营、开发等角色）宣传我们的理念和想法，欢迎他们加入我们的项目、配合完成方案并测试效果。其他团队如果想到有价值的提升增长指标的好点子，我们也非常乐意加入他们的项目，大家一起合作共赢。

那是不是必须要有项目制才能发动相关角色做些大事情？当然也不是。阿里巴巴也有有想法的设计师能想到很好的点子，并说服前端开发，一起利用休息时间完成方案。我还听说腾讯有一个刚大学毕业的技术人员，面对技术含量较低的工作他不但没有抱怨，而是加班加点，利用休息时间编了一套程序，极高地提升了工作效率，也同时帮助了其他有需要的团队。总之，只要有想法、有干劲，在哪里都可以实现价值，只不过好的制度让这一切更容易发生。

另外，不要把增长指标和KPI混为一谈。增长指标代表产品的发展愿景和成长方向，它是能够指引大家朝同一方向迈进的目标；它关注的是正确的方向，并鼓励大家围绕方向去创新。而KPI是一个固定的结果指标；它关注的是结果，鼓励大家把已知的事情做到更好，而不是驱动创新。因为创新就意味着风险，风险就意味着影响KPI的完成。且KPI分解到每个人头上都会不一样，很容易形成各自不同的局面。

我以前经历过的事情大多是：产品经理有自己的KPI（往往是销量类的虚荣指标），为了完成KPI需要各支持团队协作。但对设计师来说肯定不满足于帮助别人完成KPI，所以在支持之余也会额外总结设计方法、研究专业理论，或通过其他五花八门的用户体验指标来证明自己的专业度，然而这其实是一种浪费。只有大家围绕同样正确的目标去做事情，才能既帮助企业良性发展、自身又有成就感、同时还能大幅提升专业水平，并最大限度地避免资源浪费。

2. 增长指标如何指导设计方向

增长指标与产品定位、设计方向应该是等价的关系，增长指标是数据形式的产品定位，它既可以指导设计方向，也可以验证设计成果。设计方向当然也应该完全符合产品定位，而不能偏离它。

以增长指标为抓手，更容易帮助我们得出与产品定位等价的设计方向，如图6-14所示。

举个例子：京东的定位是让消费者省钱又放心的自营电商。但"省钱又放心的自营电商"该怎么指导产品设计呢？实际操作不容易，如果按照字面上去理解，那么可能我们在设计方面能想到的无非就是突出品质感、把价格放明显点这种

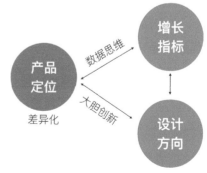

图6-14 增长指标与产品定位、设计方向等价

很表层的想法。

但如果要找到与"省钱又放心的自营电商"等价的指标，就可以深入了解了：自营电商的优势是可以把控产品品质，劣势是成本太高。所以对自营电商来说，成本及效率是企业的核心，这是做零售商的常识。成本下降了，效率提升了，价格也就下来了；产品品质好、价格又低，消费者体验满足度自然会大幅提升；消费者体验满意度提升了，自然就更愿意在京东购物，也会吸引更多用户慕名而来，营收怎么可能不增长呢？

所以对于成长期的京东来说，最重要的是成本及效率，这是京东差异化竞争的核心！那么对应的增长指标就应该是和成本及效率相关的指标，不同团队可以据此选择不同的指标。比如运营团队可能更关注成本率，产品团队更关注转化率、客单价、复购率等。

增长指标确定后，后面所有的工作都应该以此为指导。大到公司选址、小到界面上某个按钮的样式，都应围绕差异化竞争的核心及对应的增长指标做决策和提供衡量依据。比如同为电商网站，京东在交互逻辑上明显更强调让同一个用户购买尽可能多的产品以提升运营效率，而淘宝则倾向于引导用户立即下单。

当然不是所有的增长指标都能够非常明显地对应到具体的设计方向，比如对应活跃度的设计方向应该是什么？

在下一节，我将会介绍EDGE竞争优势组合法来解决这个问题。通过这套方法，我们可以运用任意增长指标来指导并验证设计方向。

6.4.2 EDGE竞争优势组合法

在产品设计阶段，原则上来说，我们每一次前进，都是为了在竞争中获得更大的优势，战胜竞争对手。

但大部分产品经理或设计师在这期间都很容易受竞品影响，竞品做了什么就赶紧跟进；或是习惯用"发现问题—提炼目标—达成目标—效果验证"的常规思路改进体验。这两种做法都较稳妥，不会出什么错，但也并非最好的做法。

前者估计大家很容易理解，毕竟这个阶段最重要的事情就是差异化竞争；而后者问题出在哪里呢？

比如我们常看到某产品的改版目标是统一、高效、舒适等，这就是典型的常规思路，围绕问题而非围绕增长指标来进行产品优化，这就导致了更多的问题。

前面已经提到过，成长期的策略是"大胆创新，巩固差异化的产品定位"。所以成长期不是查缺补漏、在现有基础上完善优化，而是要通过大胆创新，想竞争对手不敢想或没想到的，强调差异化，最终占领用户心智；而过于同质化则比较难以让用户记住，很难在市场中拔得头筹。所以传统的设计方式虽然能在一定程度上提升体验，却不利于创新，因为它只能解决现有的、已经被发现的问题；此外，它仅仅提出了大方向，无法被有效地验证。

那应该怎么做呢？通过前面的内容，我们了解了产品定位及增长指标的概念，接下来我们将结合增长指标与常用的设计思维、方法、工具，形成全新的产品设计思路，继而推导出设计方向。我把这套方法命名为EDGE竞争优势组合法（见图6-15），它能够帮助我们解决成长期产品的设计问题（方向正确、大胆创新、结果可验证等），最终达到巩固差异化定位的效果。

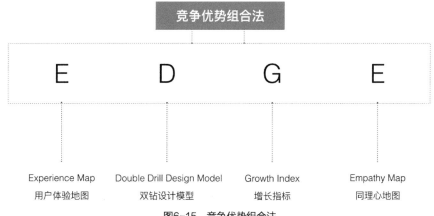

图6-15　竞争优势组合法

大家可能知道英文单词Edge有"边缘"的意思，但它还有"优势"的含义。在这里，E、D、G、E分别代表4个概念，分别是：E——Experience Map（用户体验地图）；D——Double Drill Design Model（双钻设计模型）；G——Growth Index（增长指标）；E——Empathy Map（同理心地图）。这些概念并不是叠加的关系，而是要互相交织在一起，这样才能产生奇妙的化学反应。

为了方便大家理解，下面分别介绍一下这4个概念。

1. E——Experience Map（用户体验地图）

用户体验地图通过可视化的形式，帮助团队成员一览全局地了解用户与产品/服务交互的完整体验过程，帮助大家从整体角度发现问题点和机会点，从而达成改进的共识。

传统的用户体验地图，如图6-16所示。

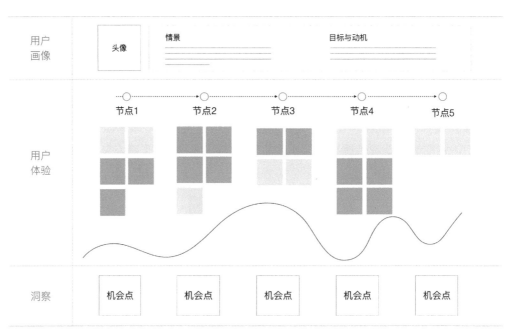

图6-16 用户体验地图示例

用户体验地图大体分为3大块。

① 区域A：用户画像。包括用户头像及特征描述，以及用户目标、使用期望等（可以把用户画像中的重要结论放在这里）。

② 区域B：用户体验。包括用户使用行为流程（线上与线下、各个使用场景）、页面/场景截图等；以及每个步骤分别对应的问题、困惑、情绪等。

③ 区域C：用户洞察。针对用户出现的问题，尤其是用户情绪在最低点的位置，我们可以怎样改进，让用户的体验变得更好。

这些内容并非固定不变，可以根据项目实际情况灵活进行更改。另外，和探索期介绍的用户故事地图类似，这里也可以让项目成员通过贴便签的方式完成体验地图。如果没有条件这样做，那么可以由设计师汇总之前的调研结果独自完成地图。

2．D——Double Drill Design Model（双钻设计模型）

双钻设计模型由英国设计协会提出，该设计模型的核心是：发现正确的问题、发现正确的解决方案。

双钻设计模型把设计过程分为4个阶段：发现问题、定义问题、构思方案和确定方案，如图6-17所示。简单来说，这个过程就是先发散问题（尽可能多地发现并洞察问题），然后定义问题（收敛关键问题），再针对关键问题发散解决方案，最后选择最适合的方案执行。

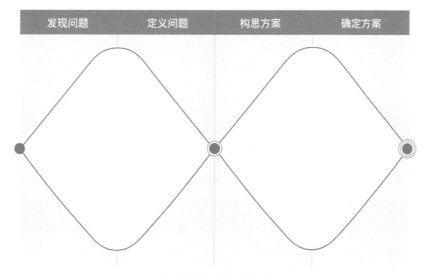

图6-17　双钻设计模型

双钻设计模型的思路是构建用户体验地图的基础，也是设计师提案时最常用的展现思路的方式。

3．G——Growth Index（增长指标）

大家有没有发现，双钻设计模型缺少了两样非常重要的东西：一是洞察的源泉

（如何产生大量有见地的观点）；二是判断问题的标准（定义问题的标准是什么，根据什么构思方案，选择方案的标准又是什么等）。

的确，如果在设计过程中单独使用双钻设计模型，虽不会犯错，但也很难出彩。但如果能结合增长指标和同理心地图，将产生意想不到的效果。同理心地图（稍后介绍）可以解决上述第一个问题；增长指标可以解决第二个问题。

现在，我们先利用增长指标为双钻设计模型画龙点睛，如图6-18所示。

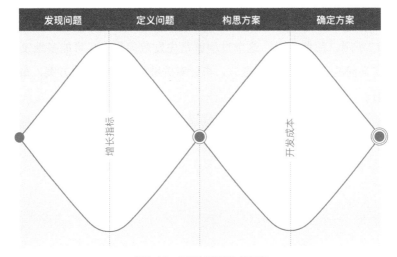

图6-18　用增长指标收敛问题

观察图6-18后就清楚了：首先大面积收集反馈、问题、调研结果，了解背景信息；然后围绕增长指标，大胆提出假设，并根据提升增长指标的可能性（关键程度）为这些假设排列优先级；根据假设我们会给出很多方案；最后根据开发成本等因素选择能用最小成本提升指标的方案，如图6-19所示。

举个完整的例子。通过前期对宜人贷某借款模式的用户进行深入访谈，我们发现用户非常顾家、生活积极向上、喜欢看怀旧的片子……而我们的产品界面却过于理性，和用户的需求并不契合（发现问题）。针对这个发现，我们认为改变现有页面风格，使之在理性的基础上更具感性和温情，能够大幅提升转化率（定义问题）。于是设计师计划整体改进该模式的页面风格（构思方案），但考虑到开发成本以及风险，决定先推出产品详情页面（确定方案），因为这个页面是一个H5页面，开发成本低且可以不经过发版迅速上线。

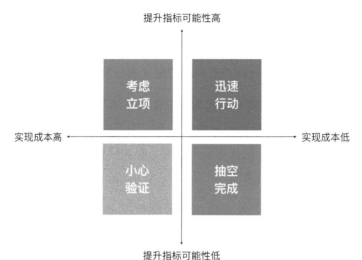

图6-19　关键程度/开发成本的组合因素

图6-20是该页面的优化示意，优化后的页面转化率提升了27%。

图6-20　通过"洞察"优化页面

增长指标与双钻设计模型强强联合，不仅可以帮助我们"正确地做事"，更可以帮助我们"做正确的事"。

4. E——Empathy Map（同理心地图）

现在我们再谈谈，如何通过同理心地图带来灵感与洞察。

为什么灵感与洞察如此重要呢？因为它们是创新的基础。我们都知道创新并不容易，它无关乎滴水不漏的推导和论证能力，也无关乎一板一眼、一丝不苟的工作态度，它似乎是先天的能力而无法依靠后天养成。其实只要学会了好的方法，洞察力是完全可以通过后天慢慢培养出来的。

同理心地图就是这样一个好方法，在某种程度上帮助我们解决灵感枯竭的问题，为我们灌注源源不绝的能量。个人认为这个方法可以让设计师更深刻地理解用户需求和行为背后的原因，对提高产品设计师的洞察力能起到一定帮助。如果能结合用户调研，效果会更好。

看到这里，有的读者提出：用户故事地图、用户体验地图、同理心地图，它们的区别是什么？在这里我解释一下：用户故事地图强调的是用户使用产品/服务的任务流程，我们可以通过用户故事地图筛选当前最必要的任务及对应功能，以完成最小可行产品设计；用户体验地图强调的是用户使用产品/服务的体验过程，它有点像是用户故事地图的升级版，不仅包括任务流程还包括与之对应的体验问题，我们通过用户体验地图可以直观地看到体验的洼点，从而找到提升体验的机会点；同理心地图可以理解为用户体验地图的配套助手，它帮助我们在每个不同场景下与用户换位思考、打开思路，提高洞察力。

限于篇幅，这里只是简单地介绍同理心地图的方法。感兴趣的读者可以查阅网上资料进一步了解，如图6-21所示。

如图6-21所示，我们不仅关注用户说了什么，还要考虑用户看到了什么，听到了什么，说了什么，做了什么，感受到了什么……这可以让我们深度感受用户，从而发现更多创新点。

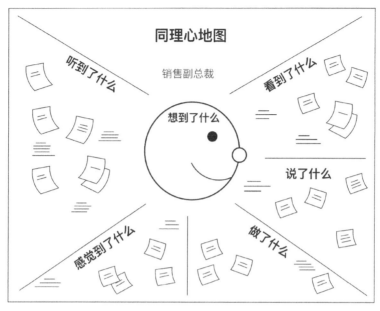

图6-21　同理心地图

比如用户路过一个甜品店，突然被里面的阵阵香气吸引（闻到了什么），然后他循着味道寻找，看到了外观温馨、造型独特的店面（看到了什么），"嗯，这家店应该还不错"（想到了什么），他这样想着，不自觉地就迈进了店门（做了什么），一进门，他就被店里柔和的灯光、动听的音乐（听到了什么）、种类繁多的甜品吸引了，一种浓浓的幸福感涌上心头（感受到了什么）。

举一个真实的例子，一家知名的甜品店开业后销量一般，老板听从了一个营销高手的建议后，在上班高峰期的时候突然打开大门，让店里积聚已久的香味散出去，产生效果销量大增。这就是利用了味觉对人的刺激。

同理心地图可以在完成用户调研后自己绘制，也可以组织团队成员共同讨论完成。同理心地图方法和"用户故事地图"以及"用户体验地图"的方法类似：先各自思考，然后在便签中写下自己的想法，一边将便签贴在合适的位置上一边解释。最后大家一起讨论、把标签分类、提炼，得到解决问题的方向，如图6-22所示。

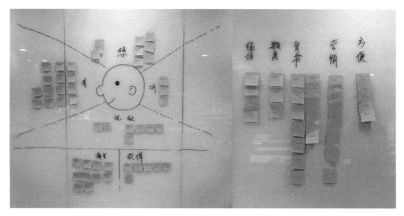

图6-22   同理心地图示例

　　它可以有效地帮助我们产生更多"洞察",并通过"洞察"得到"洞见"。比如通过甜品店的例子,我们推断出制造香气是最重要的,要让用户远远地就闻到味道;其次是店铺外形,要让人感觉温暖亲切、可信赖……

　　同理心地图解释了用户行为、选择、决定之后的深层动机,让我们可以找到他们的真实需求,因为有些动机是很难被感知和表达,更难以被洞察到;它让项目成员可以参与到用户体验的内在部分,这很难从报告中感受到;它也为创新打下了很好的基础。如果你不是一个很敏感、很有洞察力的人,通过这种方式可以帮助你弥补先天的不足。这样我们在创建用户体验地图或是归纳用户问题的环节中就不会因为缺乏洞察而捉襟见肘了。每当我们找不到具体的改进方向时,我都会带着大家用同理心地图找感觉,最后总是有很多收获。

　　至此,EDGE包含的4个概念就介绍完了,我们再看看如何组合使用它们,来达到意想不到的效果。

　　EDGE的意义:用户体验地图、双钻模型、增长指标、同理心地图这四者的关系可以用图6-23来表示。

　　它们代表了创新路上的四大法

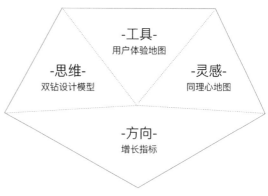

图6-23   E、D、G、E之间的关系

宝，分别是方向、思维、灵感和工具。

其中方向是最重要的，没有方向，费时费力不说、还很可能南辕北辙；思维和灵感，一个理性、一个感性，两者都不可或缺；最后是工具，好的工具不仅帮助我们清晰理清思绪，更有助于高效输出、共享。这四者并非是互相割裂的，而是要紧密联合在一起才能产生最大的效用。

接下来我绘制用户体验地图的过程，来说明如何组合使用EDGE，帮助我们在激烈的竞争中找准方向、大胆创新。

6.4.3　用户体验地图

虽然用户体验地图的概念已经提出了很长一段时间，但据我的观察，在真实的工作环境中大家并不会经常使用。它不仅看上去有些麻烦（要把之前整理的所有调研、分析内容及体验问题都整理到一张图上），并且很难被有效利用（用户体验地图最大的优势是可视化、帮助团队成员做决策，但事实上往往是设计师一个人孤芳自赏）。我想这可能是因为对于业务方来说，这个地图看上去太偏"设计思路"了，和业务的关联没有那么紧密。

接下来，我们就来看看如何使用EDGE在传统设计方法的基础上重构思路，获得不一样的效果。

1. 创建EDGE版用户体验地图

创建EDGE版用户体验地图的过程和探索期介绍的"用户故事地图"的方法有点类似，步骤大概有7步：

① 召集若干名对产品非常熟悉的人员参与

② 写出产品定位及增长指标

我们可以把定位及对应的增长指标融进用户体验地图中，作为思考问题的方向以及重要的决策依据。

比如你的产品是以消费者为中心的服务类团购网站，增长指标是复购率。那么为了提升复购率，你不仅需要关注用户在使用产品页面时的感受，更要关注用户在线下消费的心情以及售后服务跟进、优惠信息推送等。

金融借贷类产品则比较特殊，由于二次借贷周期会很长，所以应关注新用户的转化率。我就会把每个步骤下面对应的转化数据也放在地图里，这样我就不会把精力聚焦在如何解决现有问题上，而是考虑如何提升转化方面。

③ 在白板或大白纸上写出用户基本特征以及符合用户心智模型的行为流程，这个流程相当于用户体验地图的骨架。

在每个行为流程节点下面，我们可以根据需要增添有价值的信息（比如对应的行为数据、转化数据……），不管是什么信息，只要有利于团队成员达成共识就可以。毕竟，团队成员都需要使用全局化/可视化的视角，分享任何重要的信息及产出。

④ 发现机会。这里我把双钻设计模型的"发现问题"改成了"发现机会"。强调通过洞察主动发现创新机会，而不是把精力全都放在修修补补上，如图6-24所示。

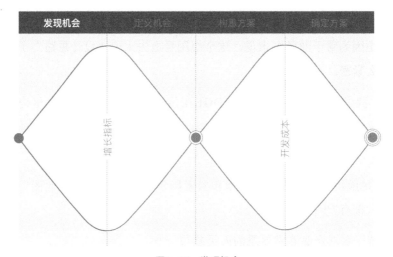

图6-24　发现机会

列举星巴克的例子，用户没有提出任何问题，但是你发现用户普遍往咖啡里加奶，这就是洞察。你根据洞察得出了推出新品的假设，而这是竞争对手还没有考虑到的，这就是新的机会点。再如，你发现大量用户提出某个功能有bug，然后你修改了这个bug，这就叫作发现问题并解决问题。两者有本质的区别：前者是通过洞察找到创新的机会点，而后者只是在补洞。

适量的补洞是没有问题的，但如果所有的行为都是在补洞，就有问题了，这背离了成长期通过大胆创新，巩固差异化定位的目标。

我们可以通过3种方式找到机会点。

一是从现有的资料里，例如用户调研、访谈、用户反馈、数据分析（业务数据/用户行为分析等）中获取大量问题，然后找到问题表象下面的本质原因（推荐5WHY分析法，网上有较多相关资料，这里不再赘述了），从中发现机会。

二是多和公司内部同事聊天，例如产品、运营、技术、数据、客服、市场等。每次和不同角色聊天，都会有意想不到的收获。

三是通过同理心地图，换位思考、发现更多细节。当然，这最好建立在前两步的基础上。

我们可以把所有有价值的问题、机会点写在便签上，贴在对应的行为流程节点下面。注意最好区分"补洞"和"创新"的颜色，比如用浅色的便签代表"补洞"，用深色的便签代表"创新/挑战"。如果深色的便签数目太少了，那么就需要注意了。我们可以再回顾上述的3种创新方式，争取发现更多的机会，如图6-25所示。

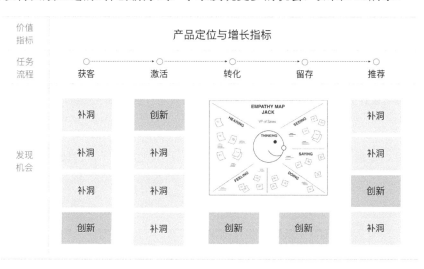

图6-25 区分便签颜色

可以根据"补洞"和"创新/挑战"的数量情况及其他因素，判断每个行为节点下用户的情绪高低（或提升潜力），并连线。它的作用是帮助我们一览全局地找到"体验洼地",优先提升该节点的体验。

接下来我们进行便签的归类,现在可以拍照留档,便于后续记录整理。

⑤ 定义机会(设计方向)。同理,这里我把双钻设计模型的"定义问题"改成了"定义机会",如图6-26所示。

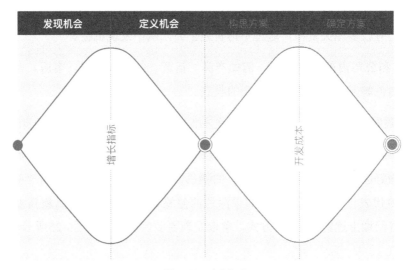

图6-26　定义机会

现在我们可以把便签进行归类,为每个类别命名。这些类别的名称就是总体的"机会",也就是设计方向,并按照提升指标的可能性及可行性排列优先级,如图6-27所示。

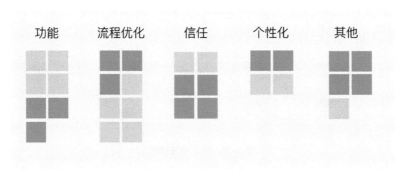

图6-27　设计方向

⑥ 构思方案。根据得出的设计方向以及优先级排序，构思不同的设计方案，如图6-28所示。这个方案并不一定是具体的方案，而是能够达成"设计方向"的多种不同可能。

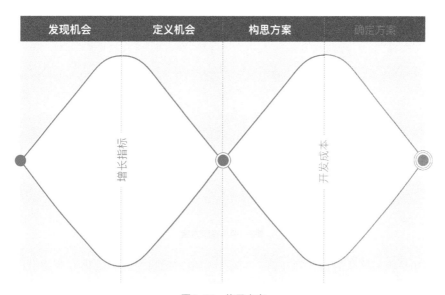

图6-28　构思方案

举个例子，假如"设计方向"之一是"增强信赖感"，通过讨论可能得到多种对应方案：比如增加相关文案、视频；改进视觉风格；增加情感化内容；增加滚动播放功能……我们可以把所有想法都列出来，并根据提升增长指标的可能性以及开发成本排列优先级（不建议同时完成所有内容，一方面成本太高，另一方面很难检验某一改动造成的实际效果）。

⑦ 确定方案。我们需要综合考虑"设计方向"和"构思方案"的组合优先级，决定发布顺序。在后面的6.4.3节中，我会介绍具体的案例，如图6-29所示。

EDGE版用户体验地图的使用方法到这里就介绍完毕了。我们鼓励大家在使用用户体验地图的整个过程中能够和相关人员一起探讨，但如果实在没有条件，也可以由设计师自己总结用户体验地图，我们团队的设计师每次进行大改版时都会用这种方式，大家反馈效果也非常好。

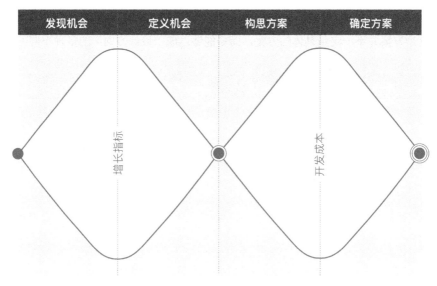

图6-29 确定方案

图6-30是我们团队的设计师在自己的项目中整理的包含最终优化方案的用户体验地图。通过可视化的方式，前后方案的差距一目了然。我们还可以把前后对比数据也放在地图上。

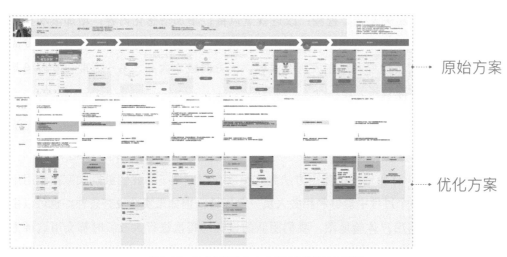

图6-30 包含最终优化方案的用户体验地图示例

地图中的内容是非常灵活的，你可以根据需要增加/删减内容，制作出最有助于帮助大家理解的体验地图。

2．附加成果——跨团队协作

用户体验地图还有一个非常重要的作用，就是跨团队协作。

比如在考虑某些重要问题时，发现有些问题在我们能力范围之内，而有些不是。就拿宜人贷借款流程来说，某步骤的转化可能和客服团队的跟进有关系，而某步骤的转化可能和风险控制团队有关系。

我们可以把与重要问题相关的责任团队及负责人列在地图里，方便后期协调跟进。

当然，我们还可以把相关的计划、进度、结果等内容列在地图里。可以在项目组附近放一个大白板，及时维护/更新信息，和项目组成员同步。

6.5　体验升级——逐级发布验证

如果我们完成了整体的设计方案，那么是不是就万事大吉了呢？当然不是，正所谓"行百里者半九十"，故事才刚刚进入高潮阶段（即体验升级），如图6-31所示。

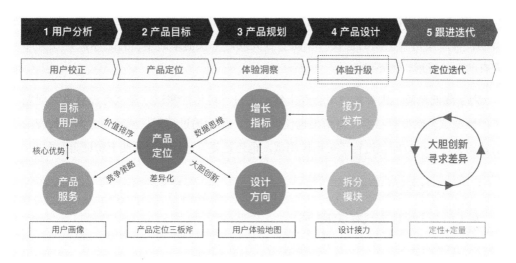

图6-31　成长期——体验升级

6.5.1   警惕"大版本升级"

在成长期，我们最常见的设计方式就是一步到位的大版本升级。团队往往集中火力，耗费几个月甚至一年时间，打造一套全新的方案，从各个角度提升体验，试图给用户耳目一新的感觉。但大规模升级的背后，也蕴含着巨大的风险。

《增长黑客实战》一书中举过一个Facebook大版本迭代失败的案例：2013年3月，Facebook举行了一场小型发布会，对到场记者正式宣布将采用全新的"消息动态"页面替换旧版，并对未来设计走向进行了演示。参与此项重大改版计划的约有30人，都是当时公司中的顶尖产品经理、工程师和设计师。公司对整个团队寄予厚望，并大胆放权。自2012年起，经过大半年的研发及测试迭代，新版呼之欲出。根据Facebook的惯例，新功能的上线必须进行灰度发布，该版本的数据随着灰度发布覆盖人数持续增加，数据表现却一直非常糟糕，导致当月收入下降了近20%。

由于此次改版计划耗时近一年，整个公司也投入了许多资源和人力，所以放弃需要很大的勇气。最终，经过3个月的挣扎，Facebook终于决定停止新版本的尝试。

现实是残酷的，即便顶尖的专业人士使用专业的方法，也无法保证结果一定是理想的。所以既要大胆创新，又要谨慎测试。

大版本迭代的优点是一旦成功，可以大幅拉开和竞争对手的差距，更加牢固地占领市场、抑或是得到更高的营收……而一旦失败，不仅前期的辛苦付之东流，还会影响现有的业务发展，得不偿失。

为了降低风险，大多数公司会在上线前先进行可用性测试，测试有没有重大问题。可用性测试虽然很有必要，但结果也仅供参考，因为通过可用性测试的方案不代表上线后数据会好。所以即使进行了可用性测试，也还是要再进行必要的线上验证再发布。

6.5.2   先验证后发布

常见的线上验证方式有以下5种。

1. AB测试

AB测试是一种常见的方式。它的优点是可以立即看到不同方案的对比效果（因为被测版本同时上线，受到的环境影响因素一致。如果是不同时间段上线的，数据可能因受到不同事件的影响导致结果不准确）从而降低风险；同时建立了数据驱动的机制，有助于持续优化。

AB测试的缺点是需要一些开发资源，不一定能得到所有项目的支持，需要去争取。另外，怎么切分流量进行测试也是个问题：切得太少，可能导致结果不准确；切得太多，风险又太高。

下面这两种方式可以有效地解决这个问题。

（1）灰度发布

比如Facebook的发布方式，从1%用户开始，慢慢推广到2%、5%、10%直至扩大到全体，以此应对可能的突发状况并给用户更多接受改变的时间。

（2）三桶法

之前有阿里巴巴公司的设计师分享过"三桶"理论，即把流量分成3份：一份90%，剩下的两份各5%（要保证待测试的样本量至少过千，否则可以适度调整比例），如图6-32所示。这样可以用第二桶的流量和第三桶的流量做对比，由于这两桶的流量是一致的，可以保证对比的公平性。这个方法解决了把流量一分为二，各占50%带来的高风险；也避免了灰度发布时新旧版本流量比例差距过大的问题（小样本受到的随机因素较大，准确性较低）。

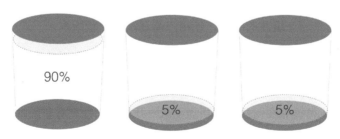

图6-32 "三桶"切分流量示意

2. 分时段测试

可以先在夜间或其他用户量较小的时段切换到新版，然后和之前日期的同一时间段进行比较。

但由于是环比数据，所以不像AB测试那样可以直接得到两个版本的同期对比结果，还需要多观察一段时间。

3. 分渠道测试

在宜人贷优化营销注册落地页时，经常通过分渠道的方式测试效果（因为这方面的广告费投入非常大）。我们在优化方案后，会先选择一个流量最小的渠道测试，效果好再放到更多的渠道做测试。由于分渠道测试的样本量较小，建议保证最小样本量的基础上还要再多观察一段时间。

通过这种方式，我们还有其他的发现：不同渠道的用户对页面风格的喜好可能不一致，因为他们使用的场景是不同的。比如通过朋友推荐的用户，会比较仔细地阅读注册页面的内容，所以页面信息越详细越好；而通过企业渠道过来的用户，需要多家反复对比，所以页面内容不宜过长，越精炼越好。

所以最后我们决定为个人及企业渠道的用户展示不同的内容，这一决策令页面整体转化率提升了20%以上。

4. 新旧版切换

还有一种常见的办法，是在新版上线后留出"返回旧版"的入口，这样一旦用户不喜欢新版，还可以使用老版本。或者是默认展示老版本，但给出新版的入口。这样可以很大程度地降低风险，还可以监测不同版本的数据，最终决定是否启用新版本。这样做也给了用户一个缓冲的时间，让用户能逐渐接受新版本。

一般来说，如果版本改动过大，用户一开始可能会因为不适应而导致数据下降，但经过一段适应期后会慢慢好转。所以最好能持续观察一个月左右的数据再下结论。

但这种方式也可能存在问题。这相当于从一开始就已经宣布新版本上线，如果效果确实不好，决策者会感到进退两难。一般在比较有把握的情况下，才会采取这种做法。

5. 逐步上线

很多产品都会定期做大改版，它们一般会先试探性地先放出首页或二级页面等重要页面，待效果得到验证后再陆续发布其他页面。当然，这么做有很大一部分原因是各部门资源难以在短时间内统一协调造成的（比如子产品属于其他部门负责）。

当然，前面所说的这些验证方式只能有效降低风险，却无法解决大版本设计失败造成的人力、资源的浪费。要想解决这个问题，就得改变做设计的方法。

6.5.3 设计接力法

接下来，就为大家介绍这个新的设计方法——设计接力法。它可以在保证创新的基础上，同时降低风险并节约成本。

设计接力法把一个完整的设计过程拆分成若干部分，逐步上线验证（听起来这和逐步上线的思路也有点像，只不过设计接力法拆分的更灵活更彻底，既可以是流程中的一部分，也可以是信息结构的一部分，还可以是页面的一部分）。

就好像原本一个人跑5圈，现在变成了5个人接力跑，跑完第一棒，才能跑第二棒，以此类推。通过这种方式，既不影响优质的体验，又有效降低了风险，如图6-33所示。

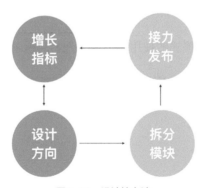

图6-33 设计接力法

这有点像美剧的拍摄模式：很多美剧都是边拍边写，根据观众的反馈决定后面剧情如何。有的美剧会提前拍好几个不同的结局，根据播放情况临时决定最后播出哪一个结局。毕竟对美剧来说，最后的收视才是最关键的。

那么为什么不像探索期那样直接进行任务上的拆分，而是要在后期进行设计上的拆分呢？这是因为成长期强调体验及大胆创新，如果在需求阶段就进行拆分对体验还是有较大影响的。

设计接力法主要分为5步。

① 确定增长指标。通过确定整体增长指标给出增长方向的总指导，可以再根据项目具体情况确定关联指标。

② 围绕指标确定设计方向。如何设计，最有可能提高第一步确定的指标（可参考6.4.3节介绍的方法）。

③ 拆分模块。把完整的流程/结构/页面尽量拆分成几个互不影响的模块，设计方案组合，并明确具体的验证指标。

④ 接力上线。分模块逐步上线，或同时上线后分别看不同模块的效果。

⑤ 验证效果。通过数据评估实际效果。如果是分模块上线的，可以等到效果得到验证后再陆续设计并发布、验证其余模块。

这里介绍两个应用设计接力法做改版优化的示例：

1. 流程页面优化

我们之前优化过某借款模式的使用流程，如图6-34所示。

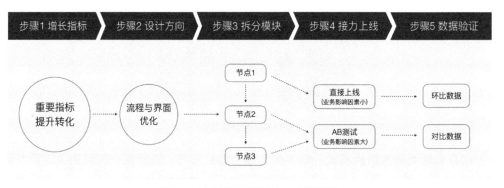

图6-34　设计接力法示例1——流程拆分

① 确定增长指标：对该流程来说，和总体增长指标关联度最高的指标是转化率，所以我们把"提升转化"作为这部分的增长指标。

② 围绕指标确定设计方向：经过前期的调研分析、探讨，通过用户体验地图全局展示，我们得出其中一个设计方向是"优化整体流程和界面"，并认为这个设计方向最有可能大幅提升增长指标，所以它的优先级最高。

③ 拆分模块：想要优化整体流程和界面，有哪些解决方案呢？

按照传统的设计方式，一般会按照用户心智模型重新规划任务路线，并适度调整、优化界面。这看起来是个一气呵成的过程。

但是这次我们做了大胆的尝试：根据流程中的业务属性不同，把完整的流程分成了三部分：第一部分是从用户看到借款模式的详情页到提交资料，这部分的流程/界面优化对转化提升影响最大（第一优先级）；第二部分是用户提交资料后等待审核结果，这部分的流程/界面优化对转化几乎无影响（第三优先级），转化高低主要取决于风险控制政策等；第三部分是显示给用户放款额度，用户选择是否接受，这部分的界面优化对转化影响不是很大（第二优先级），和客服团队的跟进力度有一定关系。

由于这三部分差异较大、彼此独立，所以是可以分阶段设计并上线的。

④ 接力上线：三部分分别上线，或者同时上线但分别看三部分的转化效果。

⑤ 验证效果：第一部分转化提升明显；第二部分和第三部分效果不明显，所以后来又做了AB测试进一步验证，如图6-35所示。

图6-35　分段评估结果

经过这个案例，我们总结出一个规律：如果页面转化受业务影响因素小（比如用户填写信息部分），可以直接上线看环比效果；如果受业务影响因素大（比如用户资质审核）的话建议做AB测试，排除业务因素对设计方案的影响。

如果不拆分流程，按照传统的方式，完成全部方案后统一上线会怎样呢？我们尝试过看完整方案的环比转化情况，发现结果根本无法评估。因为受各种业务因素的影响，整体数据波动很大（可能互联网金融在这方面更明显一些）。之前也考虑过AB测试，但是业务方看好新方案的效果，认为没有必要。我们总不能为了衡量设计效果，就让旧版本继续占部分流量影响业绩。

可见，只要能抓住规律、采用适当的设计/发布策略，就可以避免设计成果难以被量化、验证的问题。

2. 首页改版

除了流程中的页面可以拆分外，一个完整的页面也可以进行拆分。像产品首页这种需要慎重决策的页面，就很适合这种方式。

比如宜人贷App首页某次改版的思路，如图6-36所示。

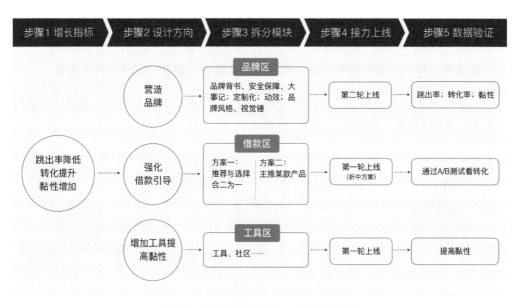

图6-36　设计接力法示例2——页面模块拆分

① 确定增长指标：对这个页面来说，和总体增长指标最相关的指标是"提升转化率"。根据业务诉求和首页的性质增加了两个附加指标"跳出率降低"和"增加黏

性"（可以看作提升转化的过渡指标）。

② 围绕指标确定设计方向： 经过前期调研以及和产品团队的讨论分析，我们明确了3个设计方向：营造品牌感、强化借款引导（优先级最高）和增加借款工具。我们认为通过这3点的改进，尤其是"强化借款引导"可以大幅提升指标。

③ 拆分模块：考虑这3个设计方向，我们如何构思方案呢？针对"营造品牌"的方向，我们考虑到可以增加品牌、安全保障等文案，增加大事记模块；针对"强化借款引导"的方向，我们考虑了两个方案；针对"增加工具提高黏性"方向，我们想到了增加工具、社区板块。

我们可以在页面上划分对应设计方向的区块，把上述方案分别放到对应的区块中，如图6-37所示。

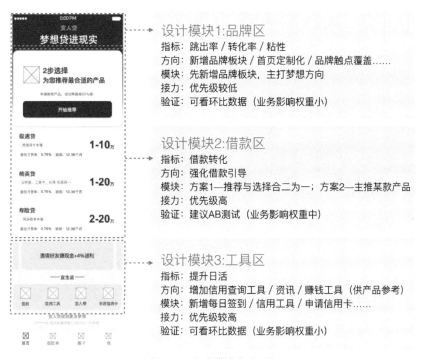

图6-37 拆分模块分别设计

④ 接力上线：我们需要从图6-36中的步骤2和步骤3中找到最优组合。

经过讨论，决定先上线 "借款区"模块中的方案2以及"工具区"模块。因为借款部分对转化影响最大，但方案1改动太大风险也高，所以选择了折中的方案2。上线工具区则是定位方面的要求。

⑤ 数据验证：第一轮上线后，验证数据情况，如果数据效果很好，就可以考虑第二轮优化了。

从这个案例中我们也得到了一些经验：比如，不要一开始就给一个完整的方案，然后遇到阻碍就打退堂鼓。一定要进可攻、退可守，给出阶段性方案，保障大胆创新能持续进行下去。另外就是掌握模块化设计的技巧，并分步上线，在保障大胆创新的前提下把风险降到最低，且整个过程更灵活可控。

通过"设计接力法"，我们把看似最小单位、不可再分割的整体（操作流程、单一页面）拆分成若干更小的模块，这不仅解决了在实际操作层面量化设计的难题，同时也使得设计过程充满益智性和趣味性，如图6-38所示。

 VS.

应用"设计接力法"前   应用"设计接力法"后

图6-38   "一步到位"与"灵活组合"

6.6 定位迭代——扩大竞争差距

6.6.1 定性定量结合

新版本发布后，我们主要看什么指标来验证效果呢？当然是增长指标。

像设计师常用的用户满意度、任务完成度等偏定性的指标还需要看吗？我认为这些可以作为参考，但仍需要把增长指标及相关指标放在第一位。

比如增长指标是留存率，但是改版后留存率还是很低，这个时候最简单最直接的方式还是进行用户调研，看到底是什么原因导致用户不愿意再来。比如用户可能认为你的售价太贵了，可能是竞品给用户发红包了，还有可能是用户现在不需要了。在这种情况下，你再怎么改进界面体验，也不会提高留存率，除非是你现在的界面体验实在太差了。

所以成长期主要通过定量的数据以及定性的用户调研来发现问题，却未必要通过解决问题来提升数据。我们需要的是通过大胆创新、另辟蹊径，避开和竞争对手的正面较量。

比如你发现留存率降低了是因为用户认为售价贵或者竞品发放红包了，那么你的解决方案并不一定要降低售价或者给出比竞品更大的红包，而是通过其他方面的创新留住用户。当大部分人都还在拼命补洞的时候，敏锐的人早已经看到了机会点和快速实施的方法，通过大胆创新拉开了和竞争对手的差距。

图6-39可以帮助我们回顾一下成长期的产品设计思路。

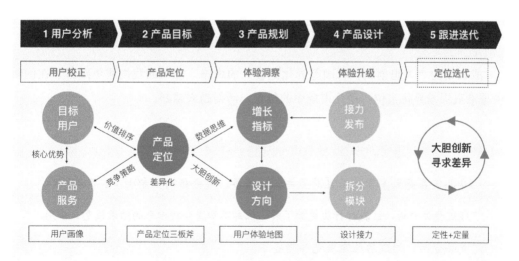

图6-39　成长期——定位迭代

成长期在验证阶段强调的是定性定量相结合：通过数据指导方向、验证结果；通过定性的调研找到数据欠缺的原因及创新机会，而非如何解决现有问题。

6.6.2   明确差异定位

成长期最重要的目标，就是巩固差异定位、扩大竞争优势。

共享单车之间的竞争可谓相当激烈。以前有人打趣地说：限制共享单车发展的最大阻碍是颜色不够。但是后来，却只有ofo共享单车和摩拜共享单车继续活跃在大家的视线中。为什么这两家可以共存这么久呢？除去资本等方面的因素外，不得不说说两者在定位方面的差异。

摩拜和ofo，都是共享单车。但其实两家公司的竞争策略是完全不一样的。摩拜走的是重资产路线，投入了很多精力在车子的研发上；而ofo走的是滴滴的路线，只连接车，而不生产车。所以ofo没有在自行车开发上投入过多的资源，而是积极利用现有的产品，然后做一些修改（当然两者还有很多其他差别，这里就不一一列举了）。

两者之间的差别，就好像一个是京东、一个是淘宝；或者一个是iOS、一个是安卓。这种定位上的差异，决定了二者有长期共存的可能性。这和当年的团购大战、打车软件大战是不一样的。

所以如果差异化不够明确，就会进入惨烈的竞争状态，最后比拼的纯粹就是执行力。

成长期的"大胆创新、巩固差异化定位"的思路，能帮助我们避免跟风、在创新中逐渐巩固差异化定位，稳住市场中的位置，活得越来越好。

6.7   竞品太多，如何突出重围

"竞品实在是太多了，而且看上去都差不多，我分析的头都大了。"

"经过竞品分析，让我对行业更加了解，但却不知道分析出来的结果该怎么应用。"

"竞品分析，到最后就变成竞品借鉴了。"

......

之所以把竞品分析放在最后，是因为它不属于产品设计过程中的必选环节，但却可以锦上添花。

大家还记得吗？探索期的竞品分析注重从关联竞品中找到大共性，在设计中保持共性，并从关联竞品中找到差异点，在设计中反向或区别对待。而成长期的竞品分析思路则有很大差异，因为成长期的竞品较多、同质化比较严重，所以我们更应该看重如何用创新的方式超越它们，而不是聚焦竞品是怎么做的。事实上，好的竞品分析方法不仅可以帮助我们知己知彼、避开雷区，还可以极大地拓宽思路，做出别具一格的设计来。

抛开传统"套公式"的竞品分析思路不谈，我特别说一下如何做出有亮点、且符合成长期发展需要的竞品分析思路吧。当然，具体用什么形式和内容，并没有绝对的标准，仅希望能起到抛砖引玉的效果，希望大家在实践中有更多的创新。

6.7.1 疯狂联想，寻找跨界竞品

在对自身产品定位及设计方向有了较明确的认知后，如何在设计方面超越竞品呢？这里介绍联想法，即通过联想的方式参考更多非同类的产品。使用这种方法往往会带来意想不到的效果（当然，这不是说对同类竞品就不闻不问了，有需要的话还是可以关注的，只是不作为本小节讨论重点）。

比如下面这个例子：设计一款饮料软包装时，如果只是参考同类竞品，那么就很难打破常规思路，但如果通过产品的口味是"草莓味"，联想到草莓的形象并加以组合，那么就有可能设计出与众不同的效果，如图6-40所示。

图6-40 打破常规思维

怎么进行联想呢？可以独立思考，也可以组织相关同事通过头脑风暴一起联想关键词。

接下来介绍4种常见的联想形式。

1. 横向联想

结合产品定位，先得出核心的关键词，再在核心关键词基础上继续发散，如图6-41所示。

比如一个男士护肤品电商网站，它的核心关键词可以是：垂直、B2C、男用户多、护肤品等。我们可能找不到一个适合参考的同类网站，但是我们可以根据这几个关键词分别寻找

图6-41　横向联想

类似的网站。比如"垂直"里比较有名的：汽车之家、小米等；"B2C"里比较有名的：京东、当当、苏宁易购等；"男用户比较多的："网易新闻、百度知道、陌陌等；"护肤品"里比较有名的：聚美优品、乐蜂、欧莱雅等，如图6-42所示。

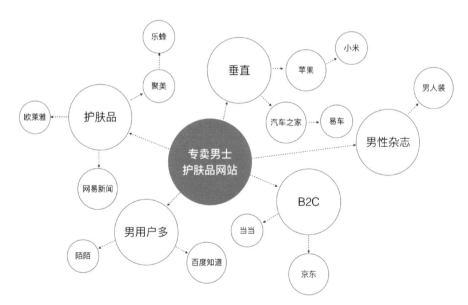

图6-42　横向联想示例

我们还可以在此基础上，联想更多和产品有关的关键词，比如功能、特色、使用场景等。有的人甚至联想到了男性杂志，它和男性护肤品的用户有很大的重合度。

2. 纵向联想

纵向联想是从一个关键词出发，纵向不断延展出新的关键词，并寻找对应的竞品。出发点可以是特征、使用场景、近义词等，如图6-43所示。

图6-43　纵向联想

比如从"彩票"出发，可以联想到博弈、娱乐、游戏等，然后我们就可以考虑是否可以融合一些游戏元素在"彩票"产品里，如果得到肯定的答案，那就可以参考一些游戏类，或是有游戏元素的竞品。再如，"保健品"有一个重要特征是"注重功效"，我们可以由此想到具有同种特征的"护肤品"，进而参考在护肤品里做得比较好的网站，如图6-44所示。

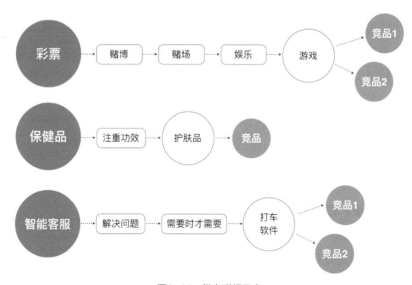

图6-44　纵向联想示意

还有一些表面看起来毫不相干的产品，但它们也会有共通点。比如智能客服机器人，它的使用场景是在用户有问题的时候才会使用，这其实和打车软件有着异曲同工之处。这对我们换个角度来思考产品非常有帮助，比如有人想在智能客服机器人上加个签到功能，那你就可以问："如果你用打车软件的时候，发现上面有个签到功能，会不会感到很奇怪？"问题迎刃而解。

3. 组合联想

就像搜索一样，关键词越多能搜到的内容越少，去掉一些关键词更容易搜到相关内容。比如某个产品的关键词是A、B、C、D，那么用A+B+C、A+B+D、B+C+D……，都有可能得到对应的竞品，如图6-45所示。

图6-45 组合联想

比如"以男用户为主的垂直B2C护肤品"网站可能很难找到，但是"垂直B2C护肤品网站""以男用户为主的垂直B2C网站""综合B2C网站中的男性护肤品栏目"是不是都可以轻易地找到呢？但是由于关键词不全，在分析时需要多加注意"规避点"。比如说当去掉"男用户"这个关键词时，可以得出"垂直+B2C+护肤品=聚美优品"，但是聚美优品的女用户占多数，所以我们还要重点考虑男女用户之间的差异，如图6-46所示。

4. 确定竞品

通过头脑风暴，我们已经发散出了很多关键词及组合，还有对应的竞品。现在我们要做的是收敛，即从这些竞品中筛选出适合进一步分析的。

图6-46 组合联想示例

怎样做呢？可以用图6-47所示的方式列个坐标轴，这样就心中有数了。

图6-47 坐标法筛选关键词

把竞品分为4个象限：优先分析右上角的，然后是右下角和左上角，如图6-48所示。

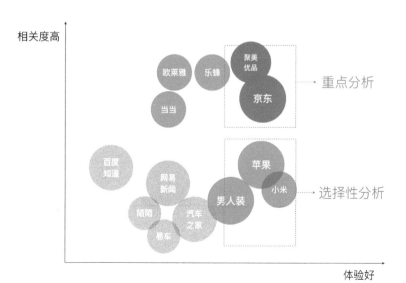

图6-48 坐标法筛选关键词示例

6.7.2   竞品对比分析法

由于被选中的竞品是通过联想法得到的，所以在业务层面必然和我们的产品有较大不同。这时，我们需要考虑竞品的哪些部分和我们的产品类似且值得参考，而哪些部分是不同的，在设计时应该特别注意。和探索期的方法有所不同，我们不再需要先横向分析了解竞品概况，再纵向分析深入了解竞品，因为在成长期我们能联想到的产品一般都是耳熟能详的，所以直接对比分析即可。

采用图6-49的方式，分别对比产品和每个竞品的共通点以及不同点。

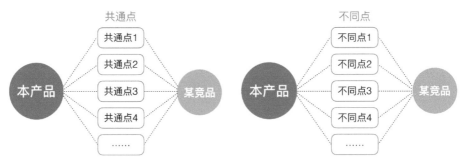

图6-49   对比分析

假设这家专卖男士护肤品的网站选取的竞品是聚美优品，那么它们的共通点和不同点如图6-50所示。

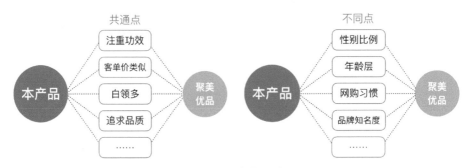

图6-50   对比分析示例

这些结论非常重要，比如说性别比例不同，意味着在设计时要充分考虑男女用户的使用习惯差异性，并体现在设计上。比如男用户购物时更追求效率，那么在界面设计时要强调搜索，商品展示突出重点、布局规整；而女用户更喜欢"逛"的感觉，所以在界面设计上要呈现丰富的内容、使用灵活的布局，给人一种随心所欲的感觉。不仅界面呈现方式不同，在获客、激活、留存等方面，也应该考虑这种差异性。

　　接下来归纳整理这次竞品分析的重点及结论（表格中的内容仅作参考，大家可以根据自己的需要设计表格内容），以供后续设计参考，如图6-51所示。

类别	竞品名称	地位／评价	分析重点	可借鉴	规避点
同类竞品					
相似类别					
其他类别					

图6-51　竞品分析重点

　　从前面的分析我们已经知道，竞品不一定要局限于某一个类别，所以这里除了同类产品外还列出了关联类别；"地位/评价"可以让人对竞品产生一个比较直观的认识；"分析重点"是你认为值得分析、参考、学习或需要多加注意的地方；"可借鉴"是你认为值得学习的地方，且可以应用在自己产品当中的；"规避点"是你的产品和竞品不同的地方，或是你认为竞品做得不好的地方。

　　最后总结一下使用创新的思路，分析成长期竞品的过程，如图6-52所示。

了解定位　头脑风暴　确定竞品　对比分析　分析重点

图6-52　成长期竞品分析思路

6.8   做有创意且能落地的品牌设计

为什么要在这里专门谈一下品牌呢？因为成长期最重要的诉求是通过差异化的产品定位占领用户心智、通过扩大规模占领市场，让产品活得好。而适当的品牌塑造有利于提升产品在用户心中的认知度。

大家一定还记得若干年前"淘宝商城"更名为"天猫"的事情吧？虽说"天猫"刚推出的时候，大家认可程度不高但之后很少提"淘宝商城"。"天猫"成功地改写了它在消费者心目中的认知，与淘宝拉开了差距。

品牌设计不仅关系重大，还涉及甚广，比如定位、价值观、传播、公关等方方面面。对设计师来说，品牌设计就是用视觉语言把企业对于产品的差异化定位、理念、价值观等投射到用户心智的过程。

然而知易行难，最终的结果往往是设计师经过日夜赶工，让对方从几百个logo中挑出一个喜欢的。

直到现在，我还能经常从设计师的总结或品牌页面说明上看到这样的字样：上百个方案，历经数千个工时……

当然，精益求精的匠人心态在任何时候都应该受到尊敬，只是相比"憋大招""撞大运"的老式设计思维，在节奏越来越快的今天，品牌设计还可以有不一样的玩法。

6.8.1   什么情况适合做品牌

尽管很多设计师对品牌设计都非常感兴趣，但在了解具体的设计方法前，还是要先明确：不是什么产品都适合做品牌，也不是什么时期都适合做品牌。这是为什么呢？首先我们先看看传统品牌的概念。

1. 品牌是什么

品牌的意义，简单来说，在于让人"记住"，继而吸引潜在用户使用产品或服务；详细一点说，就是找到目标用户心智中空缺的领域，在这个垂直领域占领第一的位置（差异化），这样用户就会牢牢地记住你。比如一说到快餐，大家就会想到麦当劳；一说到安全性能强的汽车，大家就会想到沃尔沃；一说到给爸妈买保健品，大家就会想到脑白金……只有先记住了，才可能有后续的行为。

所以品牌的核心其实就是通过加深用户对产品认知上的差异化，占领用户心智，从而占领市场。那么品牌定位和前面介绍过的产品定位有什么区别呢？

产品定位侧重于从产品的角度强调差异化，因为产品定位的作用在于给团队统一的指导方向，比如以消费者为中心的一站式服务类团购网站，国内领先的线上大额信用借款平台……

品牌定位侧重于从用户的角度强调差异化，因为品牌定位的作用在于吸引消费者，比如白加黑感冒药是让你白天精神、晚上睡的好的感冒药，大众点评让你找到吃喝玩乐的信息以及优惠……

明确你的产品差异化在哪里，接下来就要从用户角度考虑怎么宣传它才能让用户记住，这个宣传点就是品牌定位。然后通过 "语言的钉子"对其润色，使之朗朗上口、易于传播；再用"视觉的锤子"（感兴趣的读者可以看看《视觉锤》这本书）可视化地表达"语言的钉子"，加深用户印象，最后通过各种营销手段不断锤打钉子，让用户牢记，最终在用户心中形成对产品特殊的印记，从而占领用户心智。如果你的产品本身没什么差异化，但是你的目标人群足够有差异化也可以。比如，同是电商网站，你针对的是母婴人群，或者是专爱买特价名品的用户等，这些都是差异化。

比如某饮料的特别之处在于它的独特凉茶配方。厂家从用户角度考虑，认为这款凉茶和其他饮料相比，最特别、对用户最有价值的地方是能够预防上火，所以对其的品牌定位是预防上火的凉茶。最终敲定的语言钉是怕上火，喝×××。然后设计很特别的红罐包装、热辣辣的火锅场景广告等作为"视觉的锤子"。

经过多年的营销，该饮料已经成功地通过视觉锤把语言钉反复锤打进了目标用户的心智中。现在用户看到类似的红罐包装，就会想到该饮料，一想到热辣的情景，就会忍不住想喝该饮料。为什么会这样呢？首先用户通过品牌触点（比如电视广告、综艺冠名等），用右脑接触到了视觉方面的信息，然后再从右脑传到左脑，理解宣传标语方面的信息，最后理解并记住产品差异化，最终让这个品牌牢牢根植于用户心中，过程如图6-53所示。

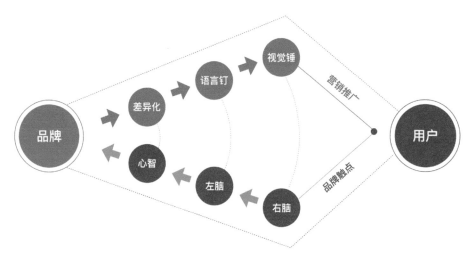

图6-53 品牌定位的运作方式

即使有一天你的产品品质被竞争者超越了，也未必影响你的市场地位，因为用户的忠实度基本成熟了。

所以要想让品牌发挥强大的作用，就需要强劲有力的视觉锤、朗朗上口且能够突出产品差异化价值的语言钉，且所有环节高度一致，才能有效加深用户对品牌的认知。

互联网品牌设计和传统的品牌设计相比，是一个崭新的领域。近几年，阿里巴巴各大设计团队都在如火如荼地研究品牌设计，但是真正做好却并不容易，因为品牌不是靠人们搞搞头脑风暴，用一些简单或复杂的方法论就能开发出来的。品牌涉及领域广，上至公司战略，下至用户心智，此外还要非常了解公司、产品业务，了解一般的品牌推导方法等，还需要足够的创意。此外，互联网公司和传统公司存在很大差异，难以完全借鉴传统公司的设计方法，这就使得品牌设计难上加难。再加上互联网产品类型很多，一般情况下只能根据自己的项目情况做品牌设计，所以每个团队采用的设计方法都不统一。可以说，在品牌设计方面，目前整个行业还处于探索阶段。

2. 什么产品适合做品牌

不是所有产品都需要做品牌建设或对外推广。

最适合进行外部品牌推广的是生活服务类产品，尤其是交易频次高的。比如外卖就很适合做外部品牌推广。现在，外卖广告在地铁、公交站、楼宇等场所随处可见。

还有很多产品是没有必要做外部品牌推广的，比如To B类产品，这类产品针对特定人群，客户不多，交易频次也低。

这类产品不适合对外大面积传播，并不代表不适合做内部品牌宣传。比如阿里巴巴公司有很多To B类的产品也在搞品牌建设，为的是提升现有客户对品牌的认知度（不然太多类似产品也容易搞混）；增强企业内部同事对品牌的认知度，方便协同合作；增强领导对该产品的认可度，以便给予更多的资源和支持等。

宜人贷这种产品类型属于哪种情况呢？早期宜人贷曾经在地铁做过广告，效果还不错，但是后来随着互联网进入下半场，广告成本逐年增加而效果却越来越差，公司就不再做类似的线下广告了。去年又有人把这事提上了议程，内部也讨论过几次，但都没有下文。后来我们经过分析，觉得宜人贷似乎并不是很适合投钱做大规模线下广告，因为借款的性质和还款周期长导致用户使用频次很低，而且借款是有门槛的（需要审核用户的资质）。这就好像我们通过品牌推广吸引了一大批用户进来，最后却因为风险控制政策要把其中大多数拒之门外。这一点其实和To B产品有点类似，都是对用户有一定的要求，不是谁都适合使用。

虽然宜人贷不适合做大面积的外部品牌广告，但依然需要通过塑造品牌形象在营销（即线上各种按实际效果付费的广告渠道）、App下载页面、产品页面等品牌触点提升产品品质感以更好地建立用户的信任感。毕竟对这类产品来说，信任度是非常重要的。另外，我们也需要做好内部品牌建设，让内部同事对公司的品牌价值、愿景等有一致的认知。

传统的品牌推广方式存在3个典型的问题：投入多；时间周期长；难以直接衡量效果。随着互联网进入下半场，这种方式已经明显不适合大部分互联网公司。如果我们看到互联网公司做线下广告，一般属于两种情况：一种是互联网巨头做广告，它们资金多；另一种是刚融到钱的初创公司做广告，它们短期不要求盈利，而是要迅速扩大市场。但大多数公司都不属于这两种情况。

3. 什么时期适合做品牌

一般来说，探索期是不适合做品牌的。因为这个阶段还在摸索产品方向，定位并不清晰，一切都还是未知数。这期间可以做小成本的广告，重点宣传产品属性、概念、提供服务等，来验证用户对此是否有需求。

到了成长期，可以适度考虑品牌建设，因为这个时候竞争开始变得激烈，通过品牌建设可以向潜在用户宣传产品理念及独特定位，提升产品知名度、增加用户对产品的好感度，拉开和竞品的差距。这个阶段主要宣传产品的特性和差异化。

另外，产品到了一个重要的转型期时（其实也可以视作特殊的成长期，因为此时方向已经非常明确，只是要扩大站场或让定位更加明确），非常适合做品牌建设。比如淘宝商城脱离淘宝，转型成注重品牌、品质化的天猫；滴滴从出租叫车平台转型成出行平台等。

2015年9月9日，滴滴打车正式公布了全新品牌升级和标识，"滴滴打车"正式更名为"滴滴出行"并启用新logo——一个扭转的橘色大写字母D，如图6-54所示。

图6-54   滴滴品牌升级

到了成熟期，竞品数量减少，产品线数量增加。这个时候做品牌主要是为进一步扩大品牌的影响力，让更多的人了解该品牌、并提升已有用户的黏性。和成长期不同，成熟期侧重于加强品牌统一性、向用户传递企业/产品核心价值、通过情感化拉近和用户的距离。

总体来说，探索期侧重宣传产品属性；成长期侧重宣传产品特性；成熟期侧重宣传产品价值，如图6-55所示。

图6-55   不同阶段的品牌宣传重点

下面主要介绍成长期的品牌设计，成熟期的品牌设计会在下一章介绍。

4．成长期产品的品牌设计

传统的品牌建设具有投入多、延迟性、难衡量三大特征，这显然并不适合新时代背景下的互联网公司。

那么在竞争激烈的成长期，我们应该如何做品牌建设以拉开和竞争者的差距呢？我认为需要探索出适合互联网模式的新玩法，聚焦在线上营销并渗透到和目标用户互动的每一个后续环节中，让品牌建设更轻量、更容易落地、也更容易看到效果。做到这些需要关注如下6点：

（1）注重用户洞察

很多公司做品牌、想口号、出设计方案等，都是通过"憋大招"的方式：即员工在一个屋子里冥思苦想。当然不是否定这种方式，而是如果能建立在对用户深入了解的基础上，效果会更好。

（2）注重个性化的输出

现在是一个商业化时代，用户每天被大量的宣传品所环绕，不管是地铁、公交站、电梯、网络上都充斥着无数广告和产品宣传信息。而品牌传达方式却大同小异、严重缺乏个性，用户看了也难以记住，这样不仅达不到品牌宣传目的，也造成了资源的浪费。在阿里巴巴的时候，我们收到很多用户反馈：你们这大数据产品有什么区别啊，完全分不清楚。看了页面，发现确实都差不多，就像是套用了不同的模板。所以品牌的个性化输出也非常重要。

（3）注重短平快的营销

很多人认为品牌和线上营销是两码事，品牌追求长期效果，线上营销（比如朋友圈、百度搜索、新闻广告等）追求短期利益。所以线上营销的口号要接地气、直接，和高档次的品牌建设完全是两码事。

其实，线上营销和品牌有异曲同工之妙，都是为了让用户"记住"，从而接触我们的产品。正是由于营销短平快的特征，我们可以快速试错、快速验证、摸清用户喜好、更有针对性地进行未来的品牌建设。所以线上营销和品牌建设应该是一脉相承的。每一次营销都是在做品牌，每一个和用户接触的机会也都是在做品牌。

（4）注重数据验证

大多数人认为品牌效果难以验证及衡量。实际上，只要不做大量投钱的线下广告，品牌效果完全可以得到迅速的验证。比如营销页面、相关活动效果、产品页面改版等。如果把每一次和用户接触的机会都看作在做品牌，那么品牌效果确实是可以衡量的。

（5）注重迭代

前面已经说过，定位不是"定"出来的，而是逐渐演化出来的。这就意味着我们不可能再像传统做品牌的方式那样提前"定"好，然后一成不变。这种理想化的方式早已经不适应现在的时代了。不管是线上营销、页面改版、宣传口号等，都需要及时关注效果、不断优化。当然迭代不是没有规律的乱改，而是朝着一个相对固定的大方向、小步快跑的优化。

（6）注重内部宣传

很多公司只注重外部宣传，却不注重内部宣传。其实内部品牌建设也是非常重要的，它可以用很少的成本建立内部员工对品牌的一致认知，增加员工成就感和自豪感，更自发地帮助公司宣传。

那么产品设计师应该如何推动品牌建设呢？按照互联网产品成长期的发展特点，我把品牌设计过程分成探索品牌定位、赋予品牌个性、快速推动落地三个部分，并在后面的3个小节中分别举例说明，如图6-56所示。

图6-56　成长期品牌设计三步走

6.8.2　内外调研助力品牌定位

首先要介绍的是"探索品牌定位"部分。

按照前面的介绍，品牌定位主要包含两方面：一是用户对产品认知上的差异化；二是如何从用户角度宣传差异化。

想要了解这些，仅靠堆砌几个不痛不痒的关键词是不可能做到的，必须要知己知彼，同时还要了解用户对此的感知。这需要对产品、对竞品、对用户深刻的理解和洞察。如果有条件的话可以像前面6.2节介绍的那样先进行用户调研（如果条件不允许，可以联合产品、运营等角色讨论），再按照下面将要介绍的品牌三板斧的框架进行填充。

1. 品牌定位推导模型——品牌三板斧

品牌三板斧是在产品三板斧（参考6.3.2节）的基础上延伸出来的，它们很相似，就像倒影一样，如图6-57所示。区别是：产品定位更倾向于自上而下，即从高层的角度制定竞争策略；品牌定位则要在产品定位的基础上自下而上，即从用户的角度考虑宣传策略。就差异化来说，产品定位关注选择什么样的用户群体，以及选择什么样的竞争方向；品牌定位关注被选择的用户群体有什么明显特征，以及他们眼中的产品服务和竞争对手的区别。

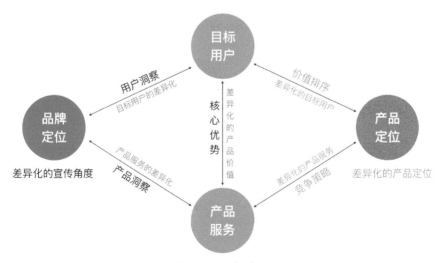

图6-57 品牌三板斧

做品牌不仅要源于用户，更要高于用户，也就是要起到引领用户的作用，所以更需要有深刻的洞见及高瞻远瞩的视角。

品牌三板斧主要包含三部分内容：

① 用户洞察（目标用户特征及用户差异性）你的目标用户有哪些特点？和主流人群比，他们有什么不同？

② 产品洞察（产品服务及产品差异性）你的产品有哪些特点？和竞争/同行业产品比，有哪些特别之处？

③ 核心优势（用户眼中的产品差异性）目标用户使用产品的原因是什么？他们怎么看待这个产品和其他产品的差异以及最大价值点？

这三部分内容是品牌定位的基础。接下来我们要考虑找到最合适的宣传点来强化产品差异点，给用户留下深刻的印象。

我们可以发现，整个品牌定位的推导过程自始至终都在强调用户角度的"差异"，这是做好品牌设计的前提。如果找不到明显的差异，就不可能做出出彩的品牌设计方案。

2. 通过外部调研推导品牌定位

以宜人贷的品牌定位推导为例，如图6-58所示。

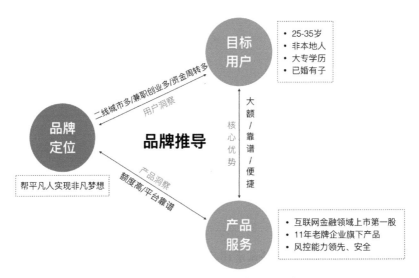

图6-58　品牌三板斧示例1（外部调研）

通过前期的用户调研过程（请参考6.2.2节和6.2.3节），我们了解到用户的基本情况以及差异性：他们是很普通，但却不甘平凡、积极向上的人。使用我们产品的原因是额度高和平台可靠（得益于母公司宜信以及宜人贷多年积累下来的金融产品经验）。

在调研过程中，我们真切地感受到几万元的额度对一线城市的人来说不算什么，但是对二三线城市的人来说却是一笔很大的金额，能够帮助他们实现遥不可及的梦想。所以产品的差异化和目标用户的差异化息息相关。

最终得出用户角度的差异化：我们的额度远高于同类产品，这笔钱可以帮助他们做很多事情。品牌定位是：帮助平凡人实现非凡梦想。

之所以得出这样的品牌定位，是因为"平凡人"是我们用户的特点，"非凡梦想"既放大了产品价值，又契合用户特点。因为对于一线精英来说，借几万元实现不了什么梦想，但对平凡人来说这些钱足够实现梦想。同时这个价值点也饱含了用户情感，更容易引起用户共鸣，比干巴巴地说额度高要好得多。

品牌定位有了，还需要用一句能够打动用户、朗朗上口的话来描述它，也就是"语言钉"（还可以称之为"slogan"或产品口号）。经过和领导层的深入沟通、内部多轮讨论、头脑风暴、测试、大部门投票等，我们最终决定了使用"梦想贷进现实"这句话作为语言钉，并以此为主题做了部分内部活动和大型外部活动，同时也改进了营销页面以及产品介绍页面等，都取得了不错的效果。

3. 通过内部调研推导品牌定位

有时候我们不那么容易接触到真实用户（比如To B产品），那么内部访谈及领导层访谈就至关重要。

举个例子，之前在阿里巴巴的时候，业务部负责人（以下简称"主管"）希望对现有一款非常复杂的名为"御膳房"的To B大数据产品进行品牌升级。这个工作非常重要，因为未来我们需要运营人员在拜访潜在客户的时候，通过展示官网来介绍我们的产品。另外，我们也需要通过它争取公司内部更多的资源、合作伙伴的支持等。

但问题就是，这个产品模式太过超前，而且每个月都可能有变化，但主管经常出差，所以我们难以了解到老板对产品最新的设想。另外，客户类型极其特殊，我们也无法直接调研（顶级大客户受到保护，只有高层可以直接接触）。在这种情况下，我决定通过内部访谈的形式了解产品相关信息。

我以品牌三板斧为框架，对内部的产品经理、运营、开发工程师等一一做访谈，试图通过他们快速、深入地了解产品。最后在大家共同的努力下，终于完成了品牌三板斧，明确了品牌定位。后期又和大家一起头脑风暴，最终确定了语言钉，如图6-59所示。

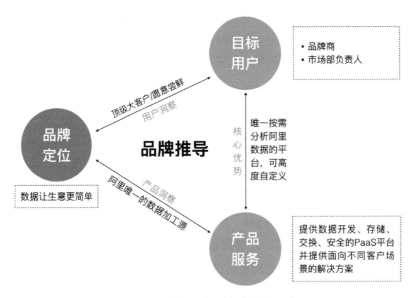

图6-59　品牌三板斧示例2（内部调研）

品牌三板斧框架是非常简单、通用的方法，它适用于各种类型的产品，帮助我们从差异性而非对产品的浅层次描述入手，有效地解决了推导品牌定位的难题。当然，要使用好它离不开前期的内外调研工作，以及对产品、用户的深刻理解。

6.8.3　创意设计赋予品牌个性

品牌定位及对应的"语言钉"有了，接下来我们主要讨论如何在其基础上创作对应的"视觉锤"，通过视觉的巧妙构思赋予品牌从内到外的个性。这一点至关重要，因为个性的品牌形象更容易吸引用户的注意，也更容易被人记住，从而帮助你在竞争激烈的成长期脱颖而出。

品牌定位与语言钉、视觉锤是等价的关系，三者应该完全匹配才有意义，如图6-60所示。

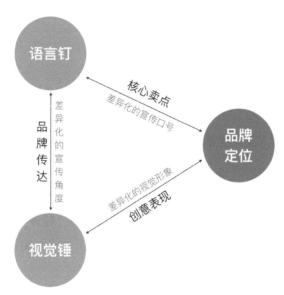

图6-60　语言钉与视觉锤、品牌定位的等价关系

1. 传统的品牌设计弊病

在打造"视觉锤"之前，我们先来看看目前行业在设计方面的通病。

① 推导思路和后面的设计产出匹配不上（推导思路看上去很专业，但最后的设计产出很平庸）。

② 缺乏品牌个性。

③ 体现不出产品的核心特点。

总体来说就是"平"，从方法到产出，都非常像流水线作品，没有什么错误却也不出彩。

为什么会出现这种问题呢？首先，大部分人并不认为这是个问题，觉得只要运用了专业的方法，能够说服业务方，同时也比过去的设计质量有进步就已经很不错了。大家并不追求"有灵魂"的设计。还有人认为最好不要"过度设计"、喧宾夺主。

但如果你能认识到产品在不同阶段的诉求，那么你就会理解为什么在成长期一定要突出品牌个性了。传统的设计方法也许适用于探索期或者成熟期，却并不适用于成长期。成长期追求的不是"不犯错"，而是"大胆创新"，这样才能超越竞争对手，稳固市场位置。

2．传统的品牌设计方法

那么传统的品牌设计方法是怎样的呢？我见过不少大型设计团队的品牌设计方法论，看起来五花八门，但其实万变不离其宗：主要是通过多个维度推导关键词，再用情绪板或头脑风暴的方式发散设计创意。

由于前期缺少深刻的对用户、对产品的洞察，最后推导出的关键词往往是类似"轻松、简洁、高效、睿智、理想、亲切……"这种既无个性、又无画面感的"产品个性"词语。接下来再使用情绪板的方法把这些关键词"转译"成对应的图形元素。最后提炼这些图片的特征，"拼"出最后的设计方案，如图6-61所示。

图6-61　情绪板方法示例

这样做有什么问题呢？之前和不少视觉设计师聊过，他们都觉得这种方式有些限定设计思路：把设计创造过程演变成了理性乏味的套公式过程，根本就是有悖设计师的天性。还有最后的方案普遍没有创意。比如说到简单、热烈、自然等词语，大家脑子中冒出的视觉形象其实大同小异。因此在此基础上提炼视觉元素，自然不会得出出彩的方案。

我们还试过头脑风暴的方法，效果也不好。大家普遍反映关键词太抽象，并且最后得到的也都是类似伞、彩虹、蜂巢等零散的元素，很难实际应用，如图6-62所示。

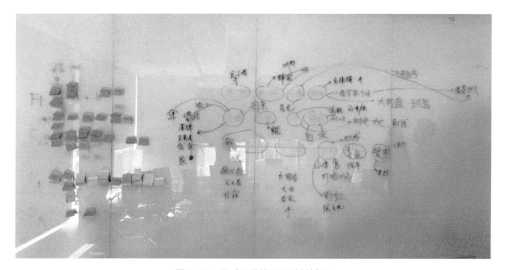

图6-62　头脑风暴推导设计关键词

怎样才能解决这些问题呢？既让设计有个性、让人记得住，又能和产品核心特质息息相关。大部分人都表示这太难了。

但世上本无难事，这里再介绍一个我摸索了大半年时间，并经历过多次验证，最终证明确实有奇效的方法——品牌三元法。

3. 品牌个性推导模型——品牌三元法

和传统的设计关键词一样，不管是"梦想贷进现实"，还是"数据让生意更简单"，或是大家耳熟能详的那些广告语，绝大多数都是很难形象化的。所以我们并不是要在品牌定位或语言钉的基础上直接推导设计形象，而是需要一个"中转"的过程。品牌三元法就相当于一个中转站，先把你对产品的深刻理解升华为具体的充满形象画面的个性词，然后再进行设计，如图6-63所示。

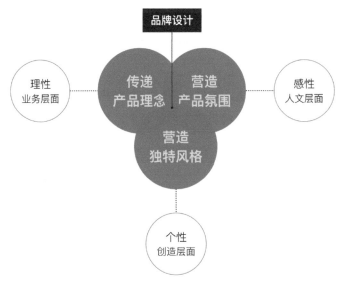

图6-63   品牌三元法

首先，把之前了解到的所有和产品相关的词语分成两组：理性的、与产品有关的放在左边；感性的、与用户及情感有关的词语都放在右边。然后我们需要一个"艺术升华"的过程，即以这些词语为素材，创作出更多有画面感的个性词语，而不是像传统设计方式那样直接在理性/感性关键词的基础上做设计。

品牌三元法为什么更加有效？因为好的设计一定兼具理性和感性，并在此之上提炼出个性。现在很多设计团队有的不加思索做设计，不考虑产品定位，忽视了理性因素；有的就是太过关注有理有据的设计，而忽视了创意和个性，导致设计失去了原有的魅力和味道，成为一道流水线工序。很少有人能够平衡好这理性、感性和个性。而品牌三元法提供了一个平衡的框架，让我们务必同时关注产品及用户、情感，而不会过于理性或过于感性；同时也强调在此基础上激发个人的创意，而不是机械地表现这些关键词，那就失去了设计师的创造性。而创造性是设计师最可贵的能力。

可能有人要问了，为什么我们不能跨过品牌三板斧，直接用品牌三元法做设计呢？因为通过品牌三板斧，我们才能更深入地理解产品、用户，才可能在这个环节提炼出更有价值的关键词，而不是毫无特色、不能直达本质、不痛不痒的关键词。并且我们也可以把品牌定位和语言钉相关词语放到感性词里，作为创作源。最后，我们也需要用品牌定位来验证个性关键词，看两者是否足够契合。

举个例子大家就明白了，如图6-64所示。

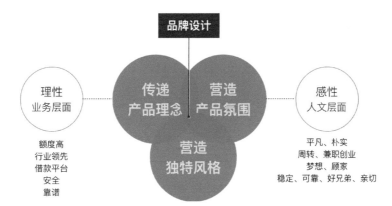

图6-64　使用品牌三元法推导个性关键词

还是之前宜人贷的案例：在完成用户调研及品牌三板斧之后，我们对产品及用户有了更加多元的认识，然后我们把能想到的最重要的关键词分别填进上图左边的理性区和右边的感性区。接下来，就可以展开大胆地想象。

结合领先、平凡、周转、梦想等关键词，我们发散出了非常有画面感的俄罗斯方块、乐高，然后在此基础上又发散出了马赛克、波点……如图6-65所示。由于这些个性关键词是在全盘了解理性词和感性词的基础上发散出来，而不是根据某一个孤立的关键词发散出来的，所以它们之间是互相联系的关系，而不会是零散的毫无关联的词语。

经过不断发散后，我们初步锁定和折纸、拼接有关的方向。因为通过这个方向，我们可以联想到平凡、梦想、纸币、个性、家人、周转等，非常契合"为平凡人实现非凡梦想"的品牌定位以及"梦想贷进现实"的语言钉。并且在设计方面比较好应用，而其他的则过于复杂或不好落地。

如果我们没有进行前期深入的用户调研、没有推导品牌定位，而是按照传统的方式直接进行这一步，那么得到的感性关键词很可能就是类似"稳重、可靠、便捷"的粗浅词语。如果没有创作个性关键词的环节，而是用情绪板的方式，得到的也会是毫无个性的设计结果。

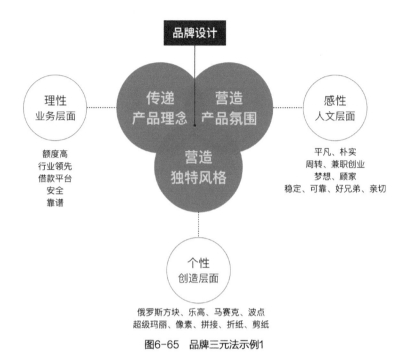

图6-65　品牌三元法示例1

如果缺乏洞察力，发散不出来足够的创意怎么办？没关系，让老板来帮你。

4．"投石问路法"让老板为你所用

高层领导在品牌设计过程中起到的作用绝对不容忽视。首先，品牌本身就是战略层面的事情，所以最后做决策的是高层领导；其次，高层在过程中可以给予你足够的资源支持；最后，高层对产品的理解更为全面深刻，帮助你少走弯路。

如果在品牌设计的过程中，没有领导参与，那么最后的结果要不是很难通过；要不就是领导不断地提意见，你不断地改；再要不就是领导从几十几百个方案里挑一个。所以，在品牌设计过程中千万不要忽视领导的参与，不要闷头做设计。

回到刚才那个To B大数据产品的案例，由于产品过于特殊，我们既缺乏对产品及客户的理解，更缺乏对其深刻的洞察。前面的还好说，实在不行可以找其他产品及运营同事帮忙解决，但后面的，就只能请出老板本尊了。

所以最后我们决定请出老板和对产品有深刻理解的主管，和我们一起做设计！

具体怎么进行呢？当然不是直接问老板应该怎样设计啦，而是采用一种"预访谈"的形式。我给它起了个名字叫"投石问路法"。这种方法不仅适用于常规情况，还特别适合于苛刻、挑剔、难搞的老板。它不仅适用于To B产品，也适用于To C 等各种类型的产品，如图6-66所示。

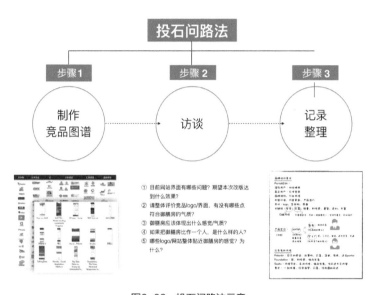

图6-66　投石问路法示意

"投石问路法"主要分为3步：

（1）制作竞品图谱

首先，我们从老板、技术主管、产品经理推荐过的行业产品中，挑出一些设计方面比较好或有个性的网站，再加上我们自己找的一些不错的网站，总共20个左右。把这些网站的首屏截图放到一个文件夹中；同时也找了大量各种类型的logo，按照不同的设计形式分组放到一张大图里制作成图谱。

为什么要这样做？因为图片最直观，可以帮助我们快速了解到对方的想法（比如对方看到图片一般会直接发表评论，在他的评论当中也许就能够捕捉到很多有价值的信息），图片还可以抛砖引玉、进一步刺激在座人士的想象力，让大家贡献更多的想法。另外，图片可以调动氛围，看图说话总是比回答问题有意思得多。

（2）邀约和访谈

老板和各位主管的时间可不是这么好约的，必须提前打好招呼，告之他们这件事情的意义、对设计师的帮助、大概花费多少时间、会议环节等。

我们让参会人逐一观看竞品图谱里的图片，同时准备5个问题（当然你也可以根据情况增加或删减问题）：

- 觉得目前的logo、官网有哪些问题？期望本次品牌升级达到什么效果？

- 请整体评价这些logo/界面，有没有哪些点符合咱们产品的气质？

- 大家认为咱们的产品应该体现出什么感觉/气质？

- 如果把咱们的产品比作一个人，是什么样的人？

- 哪些logo/网站整体贴近咱们产品的感觉？为什么？

注意，我在这里主要提问的都是关于感性方面的内容，因为这些内容老板不会在正式场合说太多，我们需要深入地挖掘，作为我们创作的源泉。

结果出乎意料的好：老板和各位主管非常愉快地回答了这些问题，在这个过程中我也被他们对产品的深刻见解以及大胆的想象力深深折服。比如一说到产品的拟人个性，我们之前想到的是"理性、睿智、创新"之类的词语，而他们则会告诉你"这是一个充满想象力的程序员""开特斯拉的男士"等让你有直观感受的信息。他们贡献出了很多我们之前绝对想不到的关键词，比如"0和1、太极、宇宙、水晶球"等。现在想想也正常，因为产品对他们来说就像自己的孩子一样，外人看所有的小孩可能都觉得差不多，但是父母看自己的孩子绝对都是独一无二的，所以他们天然就能从中发现很多个性的东西。

以前我觉得设计的事情应该由专业的设计师解决，老板的意见往往是主观、不靠谱的。但通过这次会议，我认识到对设计的理解更多地来源于对产品的高度认可，以及合作共赢的心态，而非设计专业度。

（3）整理笔记和向下传达

会议结束后，我整理了一下笔记，并向团队成员同步了结果。大家都觉得非常有收获，方向清晰了许多。

之后，团队内部再次进行讨论，参考"投石问路"的结果，使用品牌三元法模型完成个性词的联想。视觉设计师表示这两个方法结合对他的帮助非常大：既避免了过于感性的发散，又能激发创意和灵感，同时也保证了方向的正确。经过这次品牌升级，他的能力也上了一个新台阶，如图6-67所示。

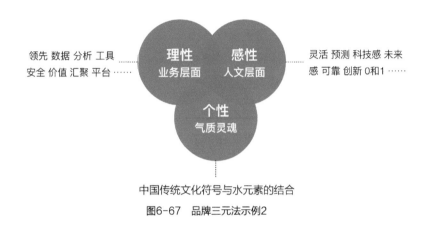

图6-67 品牌三元法示例2

当然事后，我们都觉得如果能早一些请老板参与讨论，效果会更好！事实上，投石问路的方式不仅适合塑造品牌个性阶段，也同样适合前期品牌定位阶段。

5. 头脑风暴+情绪板

视觉设计师通过品牌三元法，在理性关键词和感性关键词的基础上联想到了中国传统文化符号和水元素，接下来该怎么做呢？

此时设计师的脑海中已经充满了创意及画面感，但还需要通过进一步的推导找具体感觉。这时，类似"头脑风暴+情绪板"的方法才真正派上了用场（而不是像以往那样直接在理性词和感性词的基础上使用头脑风暴或情绪板）。

设计师最后决定以"行云流水"的中国特色风格作为视觉主题，来呼应"御膳房"的品牌名称（数据厨房的意思，厨房代表加工数据的地方）以及"数据让生意更简单"这一品牌定位。"行云流水"既有浓厚的中国韵味、人文气息，又有数据的含义（水和云可分别用来比喻数据的流通、汇聚感），还有自然流畅、轻松的意思，并且扩展性强、能囊括相关的关键词，如图6-68所示。

后来我们又从网络上搜索相关的图片来帮
助设计师进一步找画面感觉，这和情绪板的
方法类似。最后他选择了下面这张图，因为
这张图最符合他想表达出的神秘、缥缈、中
国特色的画面感觉，如图6-68所示。

和传统情绪板的方式不同，这里仅仅是为
了帮助设计师找画面感觉，而不是为了把没
有画面感的关键词硬"翻译"成具体画面。

可见，传统的设计方法本身并没有问题，
它们都是很好用的工具，但必须建立在拥有
足够洞察力和创造力的基础上，而不是盲目
地强调或依赖工具。

6. 视觉竞品分析

找到画面感觉后，如果落实成具体的设计
产出呢？

图6-68　通过具体画面找感觉

我们最初设计过很多方案，老板都不满意，用她的话来说就是："你们这是C端
的设计风格，我这是To B的产品，不要再用C端风格"包括在宜人贷，领导也经常强
调："不要做看起来不像互联网金融的界面设计"。所以进入一个新的、不熟悉的领
域时，我们都必须先研究一下这个行业的设计有什么特殊之处。

由于之前我们已经做过一轮行业竞品分析，发现该类产品在设计上确实有比较明
确的风格——充满科技感、商务感、元素简单、颜色少……但这样的网站难免千篇一
律没有特色，就好像是套了一层商业网站模版。如何在这个发挥受限的命题中做出个
性的设计呢？幸运的是，我们后来又发现了很多在设计方面非常出色的国外同类网站
（它们的设计方式对于C端产品来说也非常值得借鉴），所以又做了一轮专门研究视
觉个性的竞品分析。

在这轮视觉竞品分析过程中，我重点关注下面这5个维度。现在，我在衡量一个界
面创意的好坏时，也往往从这5个角度来看。

① 看整体。这就不用说了，得看到整个页面。

② 缩小看。这一点非常重要，把页面缩小后更容易看到整体的特点和缺陷。这对于PC端和手机端都适用。

③ 看细节。匠心独具的设计往往在细节方面存在着很多小心思。

④ 看联系。设计不是孤立细节的拼凑，而是通过细节的串联构建出明确的视觉主题。各元素之间可以存在巧妙的关联。

⑤ 看迭代。通过不同版本的前后对比，可以看出竞品在跟随设计趋势变迁的同时，还保留了独特的视觉基因。这种品牌意识真是难能可贵。

举个例子，假设我们已经找到了一些不错的竞品，下面按照上述的5个角度进行竞品分析。

① 看整体，如图6-69所示。

图6-69　看竞品页面的整体效果

整体上来说并没有像常见的技术网站那样沉闷、乏味，感觉非常活泼有个性，而且也有行业风格。至少你一看这些页面，就知道不是C端的，而是偏商务或技术的网站。

② 缩小看，如图6-70所示。

图6-70   看整体缩小后的效果

单独这么看也许看不出什么，我们再和国内同类产品页面对比一下就明白了，如图6-71所示。

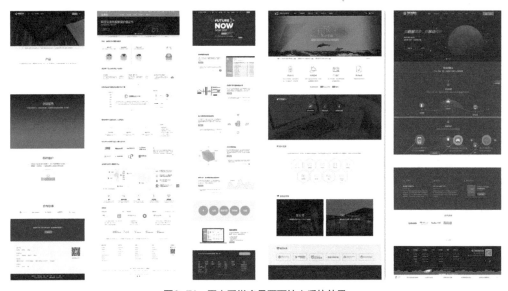

图6-71   国内同类产品页面缩小后的效果

如图6-71所示，国外的同类产品首页辨识度较高，即使缩小后，我依然可以轻松辨认出是哪一家的网站。而国内的同类产品（我找的都是国内在该领域顶级的公司或行业知名公司）首页缩小后，辨识比较困难。

③ 看细节。看首屏：最让我印象深刻的是它们对品牌的塑造和表现力，以及视觉主题的统一性。无论是海洋主题、传统日式风格、紫色+干练线条、长两只角的小萌兽、抽象图形及色彩运用等，都是如此特别且富有冲击力，如图6-72所示。

图6-72　首屏分析

这种对色彩、图形、设计元素的大胆想象及运用，在不拘一格之间又形成了默契的行业共性。共性中充满个性，是国外大数据网站给我的整体感觉。当然这种个性并非不着边际的想象，它们都和产品的核心特质息息相关。

我们再看图标（见图6-73），同样是共性中充满个性：有的图标类似原子的运动轨迹，强调科技；有的运用了统一的六边形，强调安全、稳定；有的出现了我们熟悉的网格线和尺寸标记，意味着严谨缜密；有的运用了传统水纹及折纸元素，向世界宣告这是一个来自亚洲的网站。通过统一符号的延展运用，既突出了品牌调性，又让人感到独具匠心，妙不可言。这样的网站你怎么可能记不住呢？

这里有一个小技巧：明确产品想突出的特点，设定与之相符合的元素符号并在适合的位置反复出现，个性感和品牌感就会呼之欲出，设计效果立刻提升一个台阶。

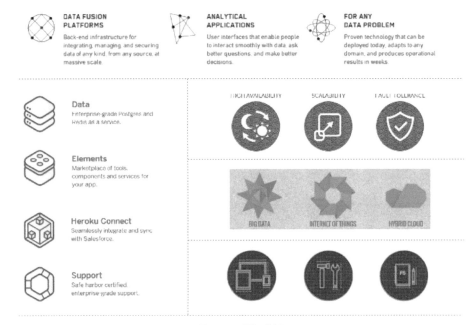

图6-73   图标分析

④ 看联系。图6-74中的这个产品，首页不同部分（其中是首页不同部分的截图拼接）的关联是不是很像电影中隐藏的剧情那样引人入胜？3种颜色的不同处理方式（交融、分离、叠加）构成了整体页面既统一、个性、又有巧妙联系的视觉语言。

图6-74   元素的呼应

再看看这个来自日本的大数据网站（见图6-75），呼应可谓无处不在，不管是图形、元素和图标，还是不同页面的风格，都高度统一。

图6-75　风格的统一

这对设计师的要求非常高，需要静下心去思考、尝试以及创新。设定视觉主题后，通过反复试错以及细节推敲，逐渐明晰品牌符号的运用、关联方式以及表达手法，最后得到充满个性、超高水准的作品。

⑤ 看迭代。我平时经常分析这些优秀的网站，我发现每隔几个月，这些网站就会有明显的变化。而分析这些网站前后的对比，对我了解网站设计趋势有很大的帮助。我也从中明白，再好的网站，也需要不断更新迭代，而不是固守优秀成果，不思进取。这一点对设计师来说非常的重要。

比如图6-76中的这个网站最近做了一次改版。在这次改版中，文案和品牌内核没有发生变化（还是两个角的小萌兽，还是之前的图标内容），只是设计风格改变了，更符合简洁化的流行趋势。

图6-76　某网站改版前后首屏/图标对比

这一点让我感触很深，我们早已习惯每次改版都一定要大改动，再也看不到过去的一点影踪，并以此为傲，证明新版有了很大的变化和进步。却从来没考虑过品牌内核以及对应的视觉基因是什么。

其实，我举的这些例子很多都是几年前的页面了，但这种设计表现手法放到今天也丝毫不会过时。因为它不是流行趋势，而是体现了品牌设计的核心思想：把握品牌定位、构思与之相应的视觉主题与视觉基因，不断表现它、重复它、延展它，直至在用户心中形成深刻的印记。这才是品牌设计的初衷与意义。

7. 故事即最高层次的创意

如果让我高度概括前面这些优秀设计案例的共同特征，我一定会说"故事性"。设计师通过对视觉元素的娴熟运用，为我们展示了一个个生动的品牌故事。我们常用"眼睛里有故事"来形容一个优秀的演员。同理，"设计里有故事"是对优秀设计的最高评价。

怎么体现故事性呢？通过前面的视觉竞品分析，我归纳出如下3个要点，如图6-77所示。

品牌设计呈现的表象要符合视觉主题

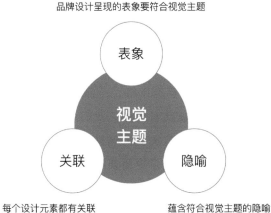

每个设计元素都有关联　　　　　蕴含符合视觉主题的隐喻

图6-77　如何做出有故事的设计

（1）表象

品牌设计呈现的表象要符合视觉主题。比如视觉主题是"行云流水"，那么首先要保证画面整体给人一种行云流水的感觉。

传统意义上的中国风（水墨、红色、回纹）并不适合B端产品的调性，所以我们可以利用线条、单色渐变图形等简洁明快的元素表达出中国风的味道，同时给人行云流水的畅快感，如图6-78所示。

图6-78　"行云流水"的视觉主题

（2）关联

每个设计元素都有关联，即把界面不同部分的内容合并到一起，也能让人感觉出是一整套东西，而不是彼此毫无关联。

比如御膳房的logo、吉祥物、首屏风格、一级图标、二级图标等元素，不仅都能体现出行云流水的感觉，并且彼此有关联：我们用一系列海洋生物来代表我们不同的客户群体；用一系列和云、水有关的自然景观来代表二级图标的内容……这需要设计师不仅有强大的设计表现技能，更需要有巧妙的构思和想象能力，如图6-79所示。

图6-79　御膳房一级图标&二级图标

（3）隐喻

蕴含符合视觉主题的隐喻。即每一个元素的使用，都应该有它背后的意义，告诉大家我们想传达的主题是什么。千万不要为了使用元素而使用元素。

御膳房的logo是太极和水滴的变形，如图6-80所示。

图6-80 御膳房logo推导

御膳房的吉祥物鲲是中国古代传说中的海洋神兽，并且和logo形状遥相呼应。整个画面的寓意如下：在象征大数据生态系统的汪洋大海中，鲲（见图6-81）作为阿里巴巴御膳房的化身，和象征品牌商的鲸鱼、象征服务商的海星、象征移动互联网客户的飞鱼、象征科研机构的海豚，在大数据生态系统中共同繁荣的景象。这个视觉故事完美地体现出了产品内涵，所有元素既符合视觉主题，又相互关联、富含隐喻，形成统一的整体，继而成为强有力的视觉锤。这个方案最终得到了老板和业内人士的高度赞扬。

北冥有鱼
其名为鲲
鲲之大
不知其几千里

图6-81 御膳房吉祥物——鲲

8. 从追求美观到正确，再到个性

整个过程并非一蹴而就，我们走了很多的弯路。但我想这也是大多数设计师都会经历的成长路线。

最开始，视觉设计师快速给出了方案，并且自我感觉良好，当时我看了也没发现明显的问题，如图6-82所示。

图6-82   第一版方案——追求美观

但老板否定了这版方案，认为这是C端的设计风格，和B端相去甚远。

那个时候我最大的感触就是，不管你有多少经验，在接触一个全新的领域时，都应该保持足够的敬畏和学习的心态。

后来在研究了同类产品的设计风格后，我们自认为已经领会到要点了，于是又给出了下列方案，如图6-83所示。

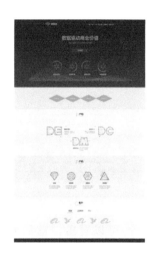

图6-83 第二版方案——追求正确

可以说，这几套方案遵循了该类产品的设计风格，却感觉并不出彩，就好像是套用了行业模板一样。但是我们当时也没有太在意，因为感觉大家的方案都是类似的。

这一次老板看完说道："你们这不是抄袭吗？但好在人家设计得确实还不错。也算你们有眼光吧，那就用这版方案吧。"

我当时听完了感到非常无奈，因为从我们的角度来看，并不认为两个网站看上去很像，只是色调比较相近而已。

痛定思痛，我决定继续探索，做出符合行业特征又有自己个性的设计方案。经过各种试错和尝试，终于得到了下面这版方案，也就是我一直在给大家介绍的案例，如图6-84所示。

图6-84　第三版方案——追求个性

可以看出，前后对比非常明显，后者有了质的飞跃。品牌鲜明的个性跃然纸上，让人过目不忘。

当然也有人可能会质疑：这样做有过度设计的嫌疑吧？现在不都在强调突出内容，减少不必要的视觉干扰吗？我想说的是：一方面，如果设计元素和产品想要强调的理念相通，而不是没来由地出现，就不算过度设计；另一方面，成长期要的就是大胆创新、与众不同，这样才能让人记住。成长期的设计不怕"过"，就怕"平"。所以设计师们，在成长期肆无忌惮地挥洒创意和灵感吧，当然前提还是要深入地理解产品和用户！

为什么我要用这么长的篇幅来写这个案例呢？首先，因为这段经历前后延续了大半年的时间，我们积累了经验，所以非常希望把最后沉淀的方法分享给大家；其次，因为直至今日（这是15年的案例），我还是能发现大批经验丰富的设计师停留在我们当时走过的阶段（过于注重美观或理性的推导）而裹足不前；最后，对于很多设计管理者来说，也尚未认识到这个问题，即成长期需要个性化、有灵魂的设计，而不是正确却让人记不住的设计。个性化的设计既能帮助产品在成长期获得更大的竞争优势，也能让设计师的能力更上一层楼！

最后总结一下适用于成长期的、强调创新的品牌设计思路，如图6-85所示。

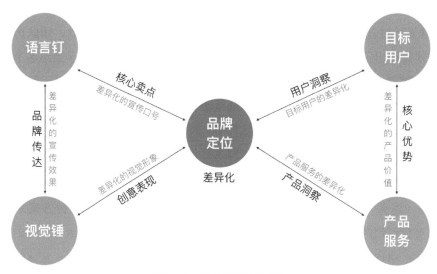

图6-85　成长期品牌设计思路

成长期品牌设计思路和产品设计过程正好呈镜像关系，如图6-86所示。两个图结合到一起可能更便于大家理解。图中所有的设计方法和思路，都服务于成长期"明确差异定位"的目标。这也是我强调的思维、介绍的理念和方法总是和传统形式不太一样的原因。毕竟目标是不同的，过程及结果也一定是不同的。

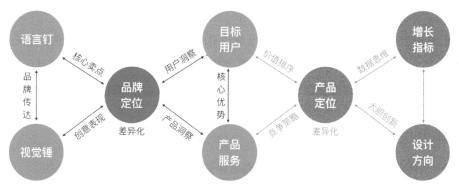

图6-86　与产品设计过程的关系

当然，品牌设计是个十分复杂的命题，我本人也仍在探索过程中，想法难免片面，仅以此抛砖引玉，期待未来有更好的方法出现。

6.8.4　精益思维推动快速落地

品牌设计过程很难，但推动起来更难。我在阿里巴巴工作的时候，团队历经大半年时间才打磨出了令业务方和我们自己都非常满意的品牌设计风格（当然这个产品也实在是太过复杂和特殊）；而在宜人贷时，我们曾联合品牌市场部门一起，做了很多看似非常专业的品牌推广计划，却始终落不了地。后来我才明白，不要为了做品牌而做品牌，而是要去实实在在地验证这件事对产品的价值。在阿里巴巴的时候我们做品牌能成功，是因为业务方需要通过官网来宣传这个名不见经传的新产品；而在宜人贷，很难验证做品牌这件事会对业务有什么实质性的帮助，因此很难推动。

当然，这并不意味着品牌这件事不再重要，而是我们需要换一种方式来重新审视。以前我们倾向于用传统的眼光看待品牌这件事，用不惜成本、追求完美的态度做品牌设计；现在我们需要像做产品一样做品牌，用精益思维小步快跑、快速验证，最终逐步完善。这便是新时代下的互联网品牌设计新玩法。

对于设计师来说，这是一个巨大的挑战。首先，这要求我们学会用迭代和累加的思维演变最终设计，而不是集中花费几百甚至几千小时来试图完成一个完美的方案；其次，我们要学会寻找一切机会让品牌设计有机会落地；最后，我们要学会联合所有人的力量，毕竟品牌建设是所有人的事情，孤军作战不仅自己痛苦，也难以得到别人的支持，最后自然很难落地。

比如我们不仅及时向领导层汇报品牌工作的进度，征求领导的意见，还在周例会、季度会等大型会议上向公司全体同事宣传；我们还为此单独申请了项目，邀请运营、市场等相关部门的同事加入；最后在筛选语言钉时，不仅发起了针对全公司同事的投票，还在部分渠道通过AB测试的方式验证效果……这些工作使得我们的品牌设计成果在后期相对容易落地。

接下来举例说明，我们是如何用精益思维逐步推动品牌设计成果落地的。

1. 用品牌思维做线上营销

以前一想到品牌，就会觉得高尚；一想到线上营销，就会觉得非常接地气。这两个怎么看都让人觉得无法放到一起去。实际上，想做好线上营销，也一样要从用户的角度出发，凸显产品差异性优势，而不是什么博眼球就说什么。只不过营销确实会更直接、更务实一些。

比如，在之前做品牌定位的时候，我们已经明确用户选择宜人贷的理由是额度高。和运营人员深入沟通后，我们统一把线上营销宣传点从强调"快"改成了强调"额度高"，页面转化有了大幅提升，如图6-87所示。

优化前　　　　　　　　　　优化后

图6-87　在营销活动页上强调额度

这充分地说明品牌工作成果并非难以落地或难以衡量，它完全可以运用在短平快的线上营销方面。

2. 用品牌思维做内部活动

"攘外必先安内"，想做好外部品牌建设，一定要先解决内部问题。在对外宣传品牌之前，我们也应该先做好内部员工的思想工作。

在"梦想贷进现实"的语言钉输出后，品牌部组织了一次内部活动（见图6-88）：每个员工把自己的梦想写在便签上，贴在背景墙上，赢取乐高礼物。

图6-88　宜人贷内部活动

这面背景墙承载着大家的梦想：寓意每一位同事就像一片乐高积木，对于宜人贷来说都很重要，许许多多的个体组织在一起成就了宜人贷的现在，这些个体可以创造出更大的奇迹、无限的可能，最终"把梦想贷进现实"。无数的用户通过宜人贷实现了自己的梦想，而每一个用户梦想成真的背后，都有宜人贷的工作人员在默默坚守。

宜人贷是一家非常重视员工思想建设的公司，公司内部会不定期地举办各种有意思的活动。这为宣传品牌理念创造了非常好的条件。

3. 用品牌思维做外部活动

在内部活动取得大家的一致好评后，品牌部门的同事再接再厉，在外部活动中继续以"梦想贷进现实"作为大型运营活动"梦想体验师"的主题，如图6-89所示。这个活动取得了非常大的成功，40天内征集了100000余名用户梦想，并促成了大量新用户转化。

我们的工作产出多次被使用在公司内外最重要的活动中，也得益于我们前期频繁地内部宣传以及和品牌、运营部门的密切合作。

图6-89　梦想体验师活动海报

4．用品牌思维优化产品

在品牌调研的过程中，我们一边得出结论，一边马上优化产品。比如，在得出额度高的优势、用户喜欢亲切感等结论后，我们立刻优化了产品介绍页面，几个产品的介绍页面转化都有了非常大地提升。

另外，在App 5.0概念版中，我们尝试在功能和交互优化外加大力度营造品牌感，形成宜人贷独特的风格和调性。对比4.0页面，全新的5.0风格在视觉效果上不仅更具品质感，也传达出更温情、更值得信赖的感觉，如图6-90所示。

图6-90 宜人贷5.0品牌升级

头图与官方logo巧妙呼应，强化了用户对品牌的认知记忆，形成了品牌的独特风格，构建了"每个宜人贷用户与梦想只有一门之隔"的故事，与"梦想贷进现实"的语言钉相呼应，成为强有力的视觉锤，如图6-91所示。

图6-91 与官方logo呼应的头图

这一次，我们没有使用"憋大招"的方式，而是尝试用精益的思维推动品牌设计落地。大家可以看到，在线上营销方面，我们只是使用了调研的结论；在内部活动中，我们使用了"折纸""像素""乐高"（个性关键词）等元素；在外部活动中，我们使用了"拼接"（个性关键词）的风格；在首页改版中，我们通过隐喻的方式与logo相呼应……

　　我们并没有像之前那样出一套很完整的品牌设计结果，而是把各种重要的过程节点"见缝插针"式地落实到各种适合的场景中，然后再看效果。

　　这3种方法的对比如图6-92所示。

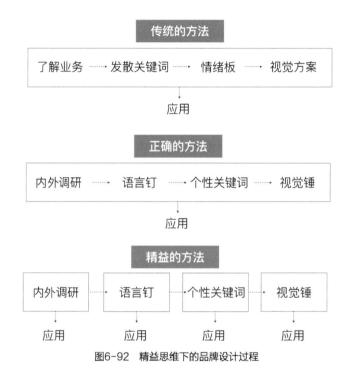

图6-92　精益思维下的品牌设计过程

　　可以看到，前两种方法都需要花费较多的时间，且难以提前预知用户反馈，只能事后验证，存在较大风险。这和前面提到的大版本升级的风险类似。

　　使用精益思维推动设计落地，不仅可以节省大量时间，还可以保证每一步骤的成果都能得到检验，可以快速做出调整。比如我们之前推导出"折纸""拼接"作为个性关键词，但发现场景略有局限，比较适合于运营活动，但不适合App界面。未来我们可以继续探索合适的风格，使其易于延展、在各个渠道保持统一性。当然，一旦想到合适的表现形式，我们还是会先在个别小渠道进行测试，确定效果不错后再大面积使用。

　　也就是说，我们改变了传统的一遍一遍改设计、直到产出完美结果的常规思路，在实践中验证及调整，最终得到满意的效果。这和做产品的思路是一致的。

2018年，由于宜人贷的产品线、场景、客户群体都有了很大的变化，所以品牌定位也需要进行调整。这也充分证明了在互联网公司，品牌定位不是一成不变的，而是要随着产品节奏不断进行迭代。

所以无论是做产品，还是做设计，都不应再像以前那样追求完美、一步到位，而是要用互联网特有的方式，通过日积月累的试错、迭代、调整，逐渐演化出合适的结果。

当然，这并不是我个人的想法，而是大势所趋。

《首席增长官》一书提到，2017年3月23日，可口可乐宣布撤去设置了几十年的首席营销官一职，并设立了首席增长官一职，由首席增长官来统一领导全球市场营销、客户服务、企业战略并且直接管理5个核心战略饮料事业群。

可口可乐是世界上顶级的营销驱动公司，是在营销领域中多次作为标杆案例写入商学院教程的伟大企业，它的品牌、定位和市场运营战略在过去30年里一直是引领行业发展的标杆。

不光是可口可乐，越来越多的知名传统公司也在这么做。现在，企业要的不是找人帮忙花钱，而是找人用最小的代价实现增长。连可口可乐这样的营销巨头都开始转型了，互联网的变化还会远吗？

我个人认为，传统的市场营销和设计有很多相似之处：老板永远知道有50%的工作是浪费的，但是永远不知道是在哪里。市场人员和设计师都很追求方法、专业度、创意、包装，且不怎么关注衡量效果。所以这些现象也给设计师敲响了警钟：如果再保持传统的做事方式，那么也许终有一天，设计师会被产品设计师取代，设计总监会被设计增长官取代。

第**7**章　在成熟期赚不停——提升商业价值

7.1　深耕细作和小步快跑的成熟期

"我现在做的产品可了不得了，特别成功，用户量特别大，谁都不敢轻易改，我该怎么做优化？"

"如何验证设计的好坏，结果如何量化？"

"总感觉设计这个环节不被重视，因为对于提升业务指标似乎没什么帮助。"

……

对于产品设计师来说，成熟期其实是一个难得可以让人大显身手、体现专业度的阶段。况且，能撑到成熟期的成功产品也不是很多，如果遇到了，就请好好珍惜吧。

成熟期产品的特征如图7-1所示。

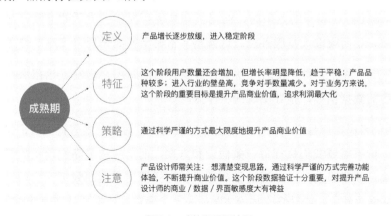

图7-1　成熟期重要特征

那么成熟期的具体设计流程应该是怎样的呢？请看图7-2。

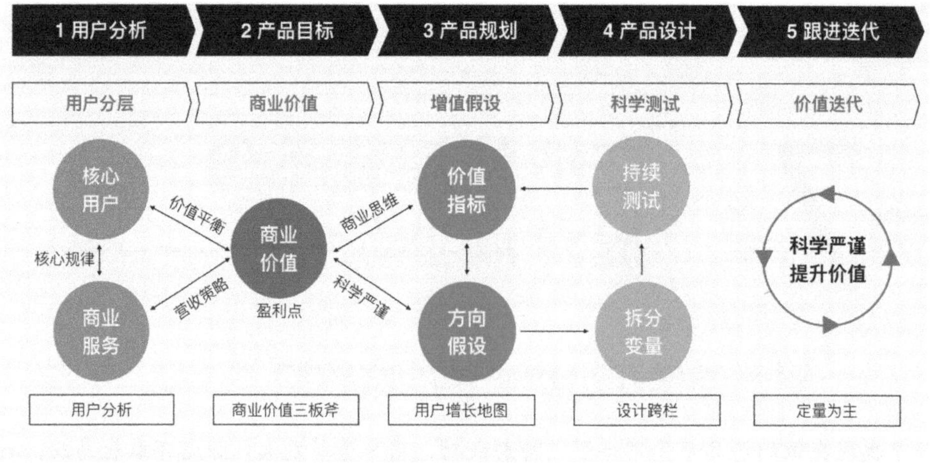

图7-2　成熟期设计流程

在成熟期，产品方向和产品定位（竞争优势）已经明确，重点在于通过科学严谨的方式快速迭代优化产品，从而提升产品的商业价值及社会价值。

7.1.1　如何赚不停

产品到了成熟期，在市场上已经占据了有利的位置。所以这个时候我们考虑更多的不再是如何竞争，而是如何提升产品的商业价值。

比如滴滴出行在和快的竞争时，给司机和乘客都提供了大量的补贴，而现在不仅取消了补贴，反而收取大量服务费。这就是非常典型的成长期和成熟期的区别。

怎么提升产品价值呢？我们可以从分析现有的活跃用户出发，挖掘潜在商业价值并确定对应的数据指标，指导团队的工作方向。

之后我们考虑如何提升指标，并提出若干假设；针对每一条假设，我们又可以得出很多方案。但不需要我们执行每一条假设和方案，而是挑选最高性价比的假设（成本最小，效果可能最显著），并通过控制变量的方式检测方案的效果（比如只改某个小功能，或只修改颜色，或只修改某段文案……）。确定有效果了再修改其他的变量。

之所以要这么慎重，是因为成熟期产品的用户数量多，并且已经形成了固定的操作习惯。界面上任何一个小小的改动，都可能导致严重的数据波动，可谓牵一发而动全身。

另外，成熟期产品品类会逐渐增多，需要考虑统一产品线风格，保持不同子产品之间一致的体验。所以对于成熟期产品来说，在设计方面并不强调创新突破，而是应该求稳、求规范、求一致、求严谨、求细节。因为你既要考虑满足普适性人群，又要考虑不同产品之间的统一性，还要保证不同设计人员的输出一致性，更要考虑数据的波动性。这就是很多人对大公司的设计做得并不满意的原因。不是设计师不够有创意，而是这个阶段产品背后的诉求决定设计团队考虑的侧重点有所不同而已。

那么，是不是这个阶段大家应该追求极致的细节，而不再需要精益思维了呢？恰恰相反，在成熟期更需要使用精益思维驱动产品价值提升。因为我们不是一味地强调精细、极致，而是追求有效果的优化。要想验证成果是有效的，就必须用科学严谨的方法测试每一次优化的结果，力求投入最小资源获取最大的价值。可见，精益思维应该贯穿产品设计的始终。

对于成熟期的产品来说，"科学严谨"及"提升商业价值"的思想是非常重要的。

7.1.2　关键词：商业价值&科学严谨

经过成长期大刀阔斧的优化，成熟期的产品已经可以初步宣告成功了。这个时候一方面我们需要考虑用户固定的习惯，所以不适合大幅改动产品；另一方面，你会发现正常的改动已经很难再带来数据的提升了，如图7-3所示。

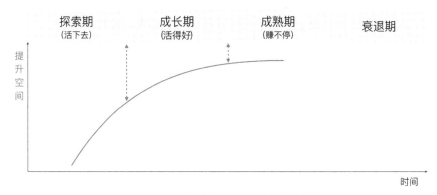

图7-3　随着时间的推移，提升空间越来越小

　　这是因为凡事都有限度，产品不会无止境地提升下去。在产品定位明确的前提下，随着时间的流逝，产品改进的空间会越来越小。

　　当成长空间还很大的时候，因为基础薄弱，所以任意优化都容易有较大的提升，这个时候适合大刀阔斧的改进。但是当成长空间变得十分有限的时候，任何一个小小改动都可能造成难以预估的影响，这个时候如果还用之前的设计思路，不但不会有成效，反而可能破坏前期的积累。

　　做个形象的比喻：如果说探索期我们需要的是一把锯子的话，成长期需要的应该是一把斧头，而成熟期需要的是一个小锉刀或者类似的工具，如图7-4所示。

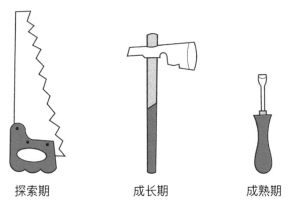

探索期　　　　　成长期　　　　　成熟期

图7-4　同样的改进幅度在不同空间会有反效果

　　这个小锉刀就是"测试变量"。有了它我们可以精确地控制变量数目，不会由于"过度"设计而导致反效果。同时也使得设计结果更容易被量化。

　　其实在美国，这种小锉刀随处可见。《增长黑客实战》提到：2015年雅虎发布Yahoo Mail期间，团队花费整整10周时间进行了122次测试，通过将3%、5%、8%的优化成果不断累加，最终将下载转化率提升了13倍，成功跻身App Store免费排行榜第五名；微软的Bing搜索引擎曾通过AB测试反复测试页面配色方案，最后的胜出方案与旧版色差极小，通过肉眼几乎无法识别，却因此提升了1000万美元的年化营收；Pinterest通过不断测试将注册转化率提升100%……

　　总之，成熟期的产品已经基本定型、提升空间相对有限，针对这种情况，我们可以采取测试变量的方式，在某一个领域持续精进，最终大幅提升商业价值。

7.2 用户分层——寻找核心价值用户

下面正式地介绍成熟期的产品设计流程了。首先是用户分层部分，在这一部分，我们会明确核心用户使用商业服务的核心规律。在此过程中，我们需要做大量定性的用户分析，如图7-5所示。

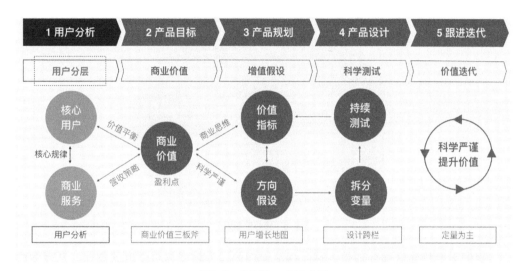

图7-5 成熟期——用户分层

7.2.1 核心价值用户分析

在成熟期我们已经拥有了数量可观的用户，这些用户中有些是潜在的，活跃度较低；有些经常使用产品，但是没有给产品创造太大价值。比如只看内容但从来不参与互动的，或者天天逛电商但从来不买东西的；还有一些既频繁使用、又能给产品带来商业价值的，这些人群就是核心价值用户。

一般来说，成熟期的产品会考虑更多变现。即使是早期不追求营利的产品到了成熟期一般也会迫于资本压力而开始转变。不同产品的营收变现方式大体上可以归为两类：用户付费和广告收入。

比如用户在电商网站购买商品、用户购买会员服务、用户在直播平台打赏等，这些都属于用户付费。广告收入是由广告商、赞助商、信息展示需求方等购买你的用户注意力产生的收入。比如你的网站由于优质内容吸引了很多用户，充足的流量自然会受到广告主的青睐，这样你就可以通过收取广告主的钱来盈利。用户付费产品关注的是留存、活跃、客单价；广告收入产品关注的是留存、活跃、用户匹配。

结合前面对核心价值用户的描述，很明显核心价值用户就是留存用户中最活跃的那一类。这类用户不仅持续使用产品，还能为产品贡献价值，如图7-6所示。

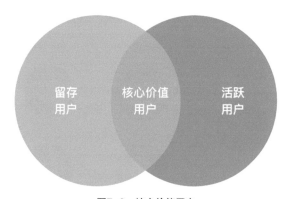

图7-6   核心价值用户

我们需要找到这部分理想人群，探测他们的行为模式与贡献度的规律，从而激励更多用户贡献更多价值。比如我们通过定量分析，发现用户如果超过30天没有再次使用产品，就很可能会成为永久流失用户。那么我们就可以考虑在此期间尽可能将用户唤回（当然这是在产品已经做得足够好的前提下，如果产品在体验上还存在很大的问题，那么请参考成长期的方法）。

7.2.2   用户分类和标签

如何找到核心价值用户特征？我们可以通过RFM模型将核心价值用户筛选出来，再通过大数据标签关联分析。

1. 通过RFM模型区分用户

RFM模型是一个被广泛使用的客户关系分析模型，主要以用户行为来区分客户，

RFM分别是：

R = Recency 最近一次消费；

F = Frequency 消费频率；

M = Monetary 消费金额。

我们可以筛出4类有价值的用户（编号次序RFM，1代表高，0代表低），以此作为核心价值用户。

① 重要价值客户（111）：最近消费时间较近、消费频次和消费金额都很高，典型的核心价值用户，高留存、高活跃。

② 重要保持客户（011）：最近消费时间较远，但消费频次和金额都很高，说明这是个一段时间没来的忠实客户，我们需要主动和他保持联系。

③ 重要发展客户（101）：最近消费时间较近、消费金额高，但频次不高，忠诚度不高，很有潜力的用户，必须重点发展。

④ 重要挽留客户（001）：最近消费时间较远、消费频次不高，但消费金额高的用户，可能是将要流失或者已经要流失的用户，应当采取措施挽留。

我们也可以根据产品特性把"消费"改成其他词，比如发帖、评论、点击广告等。

2. 关联分析挖掘人群特征

通过对海量用户信息进行数据分析，提炼出具有类似行为/特征的群体，并以人格化的角度进行归类。比如淘宝的用户可能有"上班族、家有萌娃、健身狂人、剁手党"；京东的用户可能有"爱买电子产品的宅男、品味男神、挑剔女神"。

然后我们可以看看核心价值用户中每一类人群的占比，并和实际人群占比对比分析，看看是否能从中发现明显的规律。

比如，核心价值用户中有车一族占85%、健身达人占76%，但是有车一族、健身用户在全部用户中的占比分别是24%和16%。那么就可以证明有车和爱健身的用户更可能成为核心价值用户，应该对他们重点关注。但假如核心价值用户中的有车族占比是

88%，全部用户中有车族占比也是88%，则不能证明有车一族更可能成为核心价值用户，如图7-7所示。

图7-7   找到核心价值用户特征

当然，也可能最终的结果是核心价值用户与任何特征分类都没有明显关系。那么接下来我们就要分析核心价值用户的具体操作行为了，看这些行为是否与最终的留存具有相关性。如果能找到这种行为，那么这个行为就是能够转化高价值用户的核心规律。

7.2.3　核心规律

比如A公司用户一周内点击7次"关注"按钮的留存度为70%，一周内点击5次"关注"按钮的留存度是65%。很显然，点击"关注"按钮的次数和是否留存强相关。

再如，B公司发现，用户如果要第二次购物在80%的情况下，会在第一个订单之后的15天内完成操作。那么"15天之内购物"这个行为就与留存强相关。

掌握了这个规律，我们就可以具有针对性地改进产品或运营策略，把更多的用户转化成核心价值用户。

对于A公司，我们可以把"关注"按钮放在更加显著的位置，并定期为用户推荐他可能感兴趣或认识的人，鼓励用户多点击"关注"按钮；对于B公司，我们可以在他完成订单的15天之内推荐其他产品，在15天之后发放有吸引力的优惠券，鼓励他再次购买。

很多公司都在通过这种方式大幅提升用户黏性、促进产品增长。但要怎样做才能发现这种规律呢？很遗憾，这很难通过数据分析直接获得，必须结合洞见。也就是说，你需要根据经验及直觉先提出一些假设，再通过数据来验证。

如果实在找不到规律，也可以对目标用户进行访谈，看用户放弃继续使用产品的原因是什么，然后据此反复改进产品。一般来说，用户流失主要是因为感受不到产品的价值，所以我们需要不断改进产品的功能/交互/界面，让用户更加容易获取到产品的价值。

7.3 商业价值——我要怎么赚

产品设计师的目标是最大化地提升产品价值，而商业价值是产品价值中非常重要的部分，如图7-8所示。

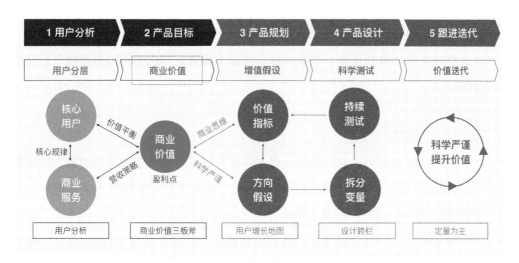

图7-8 成熟期——商业价值

总体来说，产品价值主要分为三部分：一是以科技创新为代表的产品核心竞争力；二是用户价值；三是商业变现，如图7-9所示。

图7-9 产品价值的构成

产品价值的实现不是一蹴而就的，要分阶段来实现。在探索期，我们更关注用户价值部分，即产品对用户有没有实际的价值；在成长期，我们在此基础上逐渐明确产品核心竞争力，从而和竞争对手拉开差距；到了成熟期，我们在前面的基础上开始关注商业变现，提升产品商业价值。在成熟期，产品总体价值趋于最大化。

对成熟期的产品来说，这三部分缺一不可，并且要保持好平衡，就好比三脚架，每条腿都得一样长才能保持稳固。缺乏科技创新，产品很容易被后来者抄袭；缺乏用户价值，没有人愿意使用；缺乏商业模式，产品不能变现。

怎么提升产品的商业价值？提升体验，还是多收费？下面要介绍的案例一定会让你大开眼界。

7.3.1　商业新哲学

互联网真的很有意思，它的玩法让很多传统企业出身的人至今很难理解。比如衡量一家公司的价值并不是看现在它能赚多少钱，而是看它能给投资人多大的想象空间。创新科技公司在这方面具有天然的优势。

《首席增长官》一书中提到过LinkedIn的例子：2016年微软用262亿美元，溢价50%收购LinkedIn。为什么微软愿意多花这么多钱收购？是因为LinkedIn的高增长性。LinkedIn在过去6年间从一个年营收8000万美元左右的企业，成为营业额增长超过30亿美元的企业。6年间的业务增长接近40倍，这种增长速度在企业服务领域是惊人的！

为什么LinkedIn能增长这么快？因为LinkedIn的效率更高：LinkedIn的获客成本只有竞争对手的1/4，在基础设施和客户支持方面的成本也低于同行业平均水平，这就使得同等资源下增长速度要比对手高好几倍。为什么它的效率更高呢？LinkedIn效率提升的核心原则建立在数据和技术驱动的理念之上。

作为商务社交网站，LinkedIn这样的能力和成绩足以证明它未来广阔的发展空间。但对于电子商务网站来说，常识告诉我们不仅要看营收，更要看利润。可偏偏有些电商企业一直不赚钱，甚至亏损，却能保持令人瞠目结舌的市值，这又是为什么？

亚马逊就是这样一个例子：在过去的20年里，亚马逊的营业收入实现了近指数式的增长，利润却一直接近于零，但这并不妨碍它的市值居高不下。这是因为创始人看重的不是利润，而是营收和现金流。净利润和现金流往往是对立的，因为正常情况下只要挣钱了，企业就会把利润拿去扩大再生产，导致没有足够的现金流，而一旦出现问题资金链就会断裂。但亚马逊通过科技大幅降低了库存产品占用资金，从源头解决了成本问题。低固定成本加高资本效率，使得在营收同等的基础上，亚马逊可以得到远高出市场平均水平的现金流。

这和LinkedIn的增长本质不谋而合：科技驱动效率提升！

在这种情况下，企业的营收越好，自由现金流越多，能做的事就越多（不一定是扩大再生产，可以做更多创新的尝试，比如云计算）。能做的事越多，业务持续增长的可能性就越大，也就是未来的想象空间会更大，随之股价就越高。股价高了，投资人当然就高兴，谁还会那么在乎利润？这就是资本型市场经济下的商业新逻辑。

说到科技提升效率，再到提升营收，就不得不提Google。《浪潮之巅》提到，Google 能够每年创造上百亿广告收入是因为它的广告系统比传统广告业有效得多。早期的互联网公司基本还是使用传统广告业的运作方式，有很高的人工成本，但Google的广告模式和传统模式有本质的区别。一方面Google在关键词广告匹配技术上领先于对手；另一方面Google在搜索广告和投放上做到了完全自动化，省去了大量的人工成本。

再来说说宜人贷，可能很多人想象不到，宜人贷的股价和京东非常接近，而且涨幅惊人。2015年12月18日宜人贷在纽交所上市，发行价10美元，到2017年9月已经涨到了40美元左右。短短一年多时间，和发行价相比，股价翻了4倍。这个成绩让很多人感到不可思议。如果你认为这是一家金融公司，也许目前的价格是高估的；如果你认为它是一家科技公司，又或许是被低估的。这就是科技的魅力所在。

通过科技创新，在利润大幅上涨的同时，宜人贷的获客成本和运营成本却在逐渐下降。不仅如此，宜人贷还通过共享平台把自身强大的能力输出给合作伙伴，帮助它们提高风控效率，降低获客成本。

总体来说，目前评估科技公司价值的首选方式，是看科技驱动效率提升带来的营收增长速度与现有营收规模；其次是看营收规模与利润增长；最后才是看用户价值。

但要注意，用户价值是一切的基础，产品必须有用户价值，才有变现的可能；有了变现能力，通过技术手段提升效率才有实际意义，才能促进商业价值全面提升。亚马逊虽然没有什么盈利，但不代表它没有盈利的能力，而是它不需要盈利。这和缺乏盈利能力有本质的区别。

7.3.2　商业价值三板斧

如果说探索期关注的是"产品方向"，那么成长期关注的就是"差异化的产品方向"，成熟期关注的则是 "商业化的产品方向"，它包含3个问题：我们为哪些有商业价值的用户提供产品服务？提供什么商业化的产品服务？用户为什么愿意为我们的产品贡献商业价值？

对于有商业价值的用户来说，我们需要关注"价值平衡"，即用户价值与商业价值的平衡；对于发展商业化的产品服务来说，我们需要关注"营收策略"；对于商业化的产品价值来说，我们需要关注"核心规律"，即用户使用产品的规律，这样才知道应该如何引导用户，让其更可能为产品贡献商业价值，如图7-10所示。

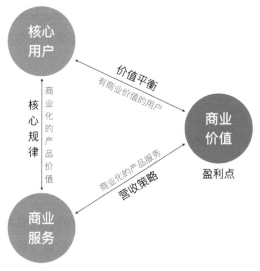

图7-10　商业价值三板斧

1. 营收策略

这里以平台模式为代表，谈谈平台模式的营收策略。

之所以要提平台商业模式，是因为这是一种已经被证明的快速增长的有效商业模式。哈佛商学院某教授通过研究表明：全球最大的100家公司中，有60家的大部分收入来自于平台商业模式。一大批平台企业从小型初创公司快速成长为有全球影响力的大企业，如Google、Apple、Facebook、Uber等。中国近年来快速增值的公司，如阿里巴巴、腾讯、百度、滴滴、大众点评等都是利用平台商业模式引爆了成长（有兴趣的读者可以延伸阅读《平台战略》及《平台转型》）。

平台模式减少了不同市场群体中间的各种环节，使得商业运作更为高效。举个例子，以前你买东西，要经过生产商、经销商、零售商，然后才能到你手里；现在你通过淘宝，直接就能从生产商那里买到，中间的环节都省去了，价格自然也更便宜。平台模式还有个好处，就是用户越多，它的价值越大。比如买家多了会刺激更多卖家来淘宝上开店；卖家多了，自然吸引更多买家来光顾。再比如微信，即使你本来没打算使用，但周围人都在用，为了互相联系，也不得不用。加上平台模式的成本相对低廉，所以更容易实现爆发式增长，赢得资本青睐。

对于自营平台来说，则需要想办法提升运营效率，来抵消高昂的成本带来的风险；但平台也不是没有风险，当用户量过大的时候，如何同时服务这么多用户对技术的考验非常大。比如2017年"双11购物节"又创造了新纪录，交易峰值32.5万笔/秒，这个量级让美国的互联网公司望其项背，试问哪个国家能有中国那么多网民？所以这种技术绝对是世界领先。

平台怎么赚钱呢？一般来说平台会把用户分为被补贴方和付费方。比如天猫的商家是付费方；而天猫的消费者在各种促销期间可能会收到平台的红包，那么就属于被补贴方。当然也可能只有付费方没有补贴方。

什么样的群体会成为被补贴方，什么样的群体会成为付费方呢？主要看以下5点。

（1）是否对价格敏感

对价格敏感的人群适合作为被补贴方，反之适合作为付费方。比如大众点评的商家就非常适合作为付费方；商家对价格没有消费者敏感，毕竟该用还得用，并且它们非常希望可以通过付费得到更多的平台增值服务来提升营销效果，从而提升竞争力。

（2）群体人数增加是否带来更多效益

如果某一群体的人数增加了，会为每一个用户带来更大的价值，从而吸引更多人加入，那么这部分群体适合作为被补贴方；如果某一群体的人数增加了，会削弱其他人的加入意愿，那么这部分群体适合作为付费方。

大众点评的消费者就属于前者：越多人使用大众点评，就可以产生越多的消费点评，帮助其他消费者获得参考，从而也刺激更多人写点评，这样每个消费者从平台获得的价值都会提升，所以这部分群体适合作为被补贴方；而对于商家来说，平台上商户过多会产生更加激烈的竞争，导致收益降低，所以商家适合作为付费方。

（3）群体忠诚度是否高

如果某群体很容易迁移到其他平台上，那么这部分群体适合作为被补贴方；如果某群体迁移到其他平台的成本很高，则适合作为付费方。

大众点评的商家使用了平台提供的运营软件或工具，因此当商家转到其他平台时，就会面临原有数据对接的问题。此外，商家可能已经在原有平台上累计了大量正面点评信息，如果换到另一个平台，将失去所有累计至今的信誉和名声，因此商家转移到其他平台的可能性比较小，忠诚度很高，适合作为付费方。

而消费者转移平台的成本非常小，忠诚度很低。比如线上买电影票，很多人都是下载了很多相关的App，哪个便宜买哪个。所以消费者适合作为被补贴方。

（4）群体增加的成本是否高

某群体人数增加了，平台对应的成本相应增加，这部分群体适合作为付费方，相反的另一部分群体适合作为被补贴方。

大众点评和每一个新入驻的商家都要进行一对一的沟通，比如营销方案、优惠折扣等。商务团队拓展新商户时，也将付出人力和时间成本。所以随着商家数量的增长，平台的成本也在高速增长，所以商家适合作为付费方。

而消费者群体这边，平台在建立之初就完成了手机应用软件及相应服务程序开发，所以消费者数量的增加，不会为平台带来太多的额外成本，所以消费者适合作为被补贴方。

（5）收费的可实现程度

大众点评如果想对每一个看商户信息或点评信息的用户收费很不现实，光是统计和经营成本就难以估量。相比之下，集中向合作商户收费，比如包月收费、按项目收费，就简单多了。所以商家成了付费方，而普通消费者成了被补贴方，可以免费使用产品提供的服务。

当然，大众点评是一个很典型的例子，它有To B、To C两端，用户属性差距非常明显，我们不需要这么细致地分析大家也明白该怎么收费。但另一种情况就比较复杂了，比如婚恋平台，它连接的不是典型的To B、To C人群，而是男人和女人。难道把男人作为付费方，把女人作为被补贴方？这显然是不合理的。

针对这种情况，可以提供各种增值服务，帮助付费用户大幅提升与理想对象结缘的机会，而对于不付费的用户，就只能使用最基本的功能。换句话说，平台把"着急嫁娶且愿意付费的人群"作为付费方，把"不着急且不愿意付费的人群"作为被补贴方。

再如，我多年前经历过的网易彩票项目，它有两类重要人群：小白用户和专家用户。其中小白用户占90%，贡献的销量占50%；专家用户占10%，贡献的销量也占50%。很多小白用户因为觉得功能、界面复杂而放弃投注；而专家用户又觉得功能太简单，希望增加高级功能。那我们就可以参考婚恋平台的做法，把小白用户作为被补贴方，把专家用户作为付费方，为他们提供优质的工具和服务，帮助他们提升中奖的概率。

既然C端用户也有付费的可能性了，那同时连接To B、To C的平台是否也有机会两边收钱呢？的确，有很多平台已经在这么做了。

比如盛大文学，一方面向作者收费，毕竟和读者相比，作者的位置有点类似大众点评的商家；另一方面也向读者提供增值服务，包括为作品打赏或捐献更多的钱，其中部分也会被平台吸收。

再如前程无忧，原本的付费方是企业群体，之后由于战略变动，开始向原来的被补贴方求职者提供付费增值服务，包括提高简历曝光率、检视哪些企业浏览过自己的简历、竞争力排名等多项服务。

视频网站的会员服务也很有意思，付费成为会员就可以避免广告的骚扰，让人觉得合情合理。我身边有很多人都是视频网站的付费会员。

基于篇幅所限，不可能穷尽所有的平台收费模式，但总体来说，平台生态圈的复杂多变，决定了其补贴模式可以千变万化。许多平台企业就是靠着极富创造性的补贴战略，建立了自己的竞争优势。

2. 价值平衡

收费会严重影响用户体验？从前面的分析来看，其实不然。但如果过于在意营收，确实容易损害用户体验。

这里以Facebook为例，谈谈如何平衡用户价值与商业价值。

前面已经提到过，Facebook从初创期就强调活跃度而不是新增用户数，可见创始人扎克伯格是一个眼光长远、不追求短期利益的人。几年前，他很少理会股东们所强调的各种数据。据一篇新闻报道：扎克伯格曾在2010年表示，该公司并不看重利润，广告业务完全不会左右Facebook的决策。他更重视自己的使命，重视为用户创造价值，而不是金钱。但就在Facebook 2012年5月上市之前，扎克伯格终于同意接受工程师对于广告改版的建议，并主张做更多类型的广告。

"其实我并不是为了多放广告"，扎克伯格说，"我之所以这么做，是因为广告产品也应该更加浑然一体。"

我们都有过这样的经历：并非所有广告都让人讨厌。有创意的广告会让人禁不住想多看两眼；精准推荐的广告也可能会解用户燃眉之急。

扎克伯格做出改变的另外一个原因在于：拒绝广告就相当于没有营收，没有营收公司，股价就会下降。扎克伯格本人当然不看重股价，毕竟他有崇高的理想，但是他的员工可就未必这么想了。股价上不去，就会影响员工的士气，继而离开公司。

Facebook在广告方面做了很多的尝试，比如引入与用户活动无关的"非社交"广告。扎克伯格本人之前一直非常抗拒这种广告，但经过测试，发现增加这类广告后反而提升了Facebook的整体广告质量，这让扎克伯格本人感到不可思议。

他们还在另一次测试中发现广告的增加导致用户活动减少了2%，低于公司设定的目标，而整体的"参与度"却大幅增加。

这些发现增加了扎克伯格对广告业务的信心。尽管开始重视起广告业务，扎克伯格本人依然把用户价值放在最重要的位置上。Facebook每天都会通过数万次调查了解用户的情绪，从而帮助他们不遗余力地改善移动体验，以避免因为投放广告而引发用户的不满。一些投资者也为此感到担忧，毕竟用户价值是Facebook最根本的基石，一旦用户价值受到冲击，也就失去更多商业机会。

注重平衡用户价值和商业价值的还有Google，Google始终把广告与正常的搜索内容区分开。这一举措赢得了用户的好口碑，营收业务也蒸蒸日上，没有受到丝毫影响。

大家还记得成长期的"价值排序"吗？Facebook和Google都选择把用户放在第一位，并坚持了下来。即使到了成熟期，面对利益的诱惑和股价的压力，也要坚持当初的排序（除非企业战略改变），这才是企业长青之道！

3. 核心规律

上一节已经介绍过核心规律了，所以这里不再多说。总之就是通过抓住用户留存的核心规律，采取关键措施，让更多有潜力的用户成为核心价值用户，继而为产品贡献更多的商业价值。在探索期和成长期，我们努力打造优质的产品，为用户贡献产品价值；而到了成熟期，我们需要在为用户带来优质产品/服务的同时，追求相应的回报。

至此，商业价值的三板斧就介绍完了。商业价值可以视作营收策略、价值平衡和核心规律的结合。

通过商业价值三板斧，大家可以先想想：天猫的商业价值是什么呢？

从价值平衡角度说：多年来天猫一直致力于为消费者提供更多的品牌、更优质的商品、更好的服务，这一举措吸引了大量品牌商加入。由于品牌商不断入驻，导致用户几乎在线下能买到的高品质商品在线上都可以买到，服务也很好、退货非常方便，所以很多用户已经习惯在线上消费。大量用户从线下转移到线上，给商家带来了可观的流量和商机，促使更多的品牌商愿意加入，这让天猫可以收取更多的费用。天猫很好地平衡了用户体验和商业价值。

从营收策略来说，天猫对普通用户免费，并为高级用户开通特权，享受更好的服务；流量上的优势使得天猫有足够的话语权，对商家收取服务费以及各种增值服务费。

从核心规律来说，天猫这几年花了很大的精力在做千人千面、个性化推荐，帮助用户更快发现心仪的宝贝，而不必在海量商品中挑花眼；同时也帮助品牌商提升流量效率和转化率，大幅降低运营成本。随着入驻品牌商和用户量的不断增加，这些举措可以有效带来留存的提升。

可以看到，这三部分并不是孤立的，而是互相影响的。先保证产品对用户有价值，然后才有商业变现的可能，再通过抓住核心规律加速商业变现，最终像滚雪球一样把商业价值越滚越大。

与此相对应，衡量天猫的商业价值指标有活跃用户数、新增活跃用户数、品牌商数目、新增品牌商数目、用户/品牌商留存率、商家销售额、产品营收等。

7.4　增值假设——围绕目标好增长

现代管理学之父彼得·德鲁克说过一句很经典的话："如果你不能衡量它，那么你就不能有效地让它增长"。

所以为了快速提升产品的商业价值，我们必须先明确对应商业价值的数据指标，用它来指导后续的工作方向，并衡量效果，如图7-11所示。

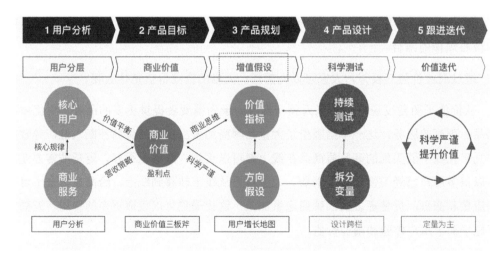

图7-11　成熟期——增值假设

7.4.1 谁说设计不能被客观量化

现在，绝大多数的设计从业者依然认为设计有其自身的特殊性，无法用数据指标，尤其是业务指标直接衡量，只能做参考。

一是因为设计本身就含有主观/创意的部分，难以被量化；二是因为人们往往认为体验和业务成长并不完全对等，有的产品体验很好但死掉了，有的产品被否定，却占领了市场；三是因为影响的因素太多，一次大改版上线了，数据变好了，并不能说是设计的功劳，因为还有运营、功能方面的优化……

所以现在很多公司量化设计的方式，是看花了多少时间、做了多少个页面、用了什么先进的方法等。如果大家都去追求工作量和虚荣的设计表现，而不关注对企业的实际效果，那么最后只会越干活越多，却越干越没价值感。这是很多设计团队的现状。虽然大家也都知道这种量化方式不合理，但也没有找到更好的方式。

除了工作量以外，工作质量也很难评估。我们都知道，好的设计是靠时间和无数次的修改堆起来的。同样一个界面，不同的人、花费不同的时间，得到的设计结果是不同的。但这种"不同"是否有效呢？有没有可能当前的产品阶段并不需要过于完美的设计呢？并且所谓的"不同"，也往往是靠经验及审美来辨别的，这让设计结果变得非常主观，难以服众，且设计师的水平以及输出质量也难以快速提升，毕竟"无法量化，就无法增长"。

在成熟期，这个问题显得更加严峻。因为成熟期产品的成长空间本身就比较小，因此每一次修改的投入都应该用在刀刃上，我们必须寻求一种科学的方式来验证成熟期的精细化设计，而不做无谓的浪费。

那么究竟应该如何在成熟期有效地量化设计成果呢？答案就是：用拆分变量的方式进行科学测试。

1. 拆分变量科学测试

有的时候数据没有提升，并非设计师能力不行，也不能代表设计质量无法用数据来验证，而是因为测试的方法不对。

举个例子，我们第一次优化营销落地页（这个页面的转化和商业指标息息相关）

的时候，通过AB测试发现，数据完全没有得到提升，如图7-12所示。

原图　　　　　　　　　　优化方案1　　　　　　　　　优化方案2

图7-12　原图与优化方案

虽然表面上看，第一个界面设计感很弱、也略显粗糙，但它的转化数据却是最好的。第二、三个界面做了大量的改动，效果却不及前者，说明存在"过度设计"的嫌疑。当然，"过度设计"并不完全是设计师的问题，而是产品到了这个阶段，上升的空间已经比较有限，所以设计师如果不使用科学的方式，很难把握好这个度，而这个科学的方式就是"控制变量"。

我们不再做整体的页面优化，而是一次只改一个内容，比如只改某个内容模块；或是只改颜色；或是只改图标样式。这样我们就可以得到更精细的结论：哪种颜色更受用户欢迎；哪种图标风格效果更好……

第二轮优化，经过AB测试（排除其他对转化有影响的因素），这个页面的转化破天荒地提升了30%（历史最好成绩是2%），经过多轮修改以后，这个页面的转化还在持续上升，如图7-13所示。

优化前　　　　　　　　　　　　　优化后

图7-13　持续优化后的结果

　　从该案例中我们可以看到，数据有明显提升的版本，和原图差异并不是很大。可见设计并不是做得越"多"越好，关键是通过科学的方式，精确调整到合适的"度"。

2．把AB测试作为一项基本制度

　　在刚才介绍的案例中，如果没有AB测试，我们就很难得到准确的结论，因为这个页面的日常转化数据波动很大。

　　在成熟期，我们一般只做细节上的调整。单看一次结果，对数据影响不会很大，但是累计起来就非常惊人了。这就意味着必须通过长期的AB测试，才能观测到这种细微的数据变化，并通过多次优化得到惊人的累积效果。

　　所以我们必须把AB测试作为一项基本制度长期坚持下去，而不是想起来才做。

　　如果只想验证设计的效果，那么就可以在保持功能不变的情况下，只看设计方案的区别。这样，我们就可以有效地量化设计。

　　下面几个AB测试的案例来自《增长黑客实战》。

Google从2004～2007年历时3年逐步构建并打磨出一套强大的内部AB测试系统，每个月会执行几百甚至上千次试验，小到将公司标志移动几个像素、广告上背景颜色序列稍作改变，大到对某个新产品反馈做出评断并决定去留。仅2010年，Google就进行了8000多次AB测试和将近3000次灰度测试。

Facebook也是高频测试的拥趸，每当工程师对某算法进行一次微调之后，Facebook都会单独对这次调整筛选出一组用户进行测试，每次的测试对象都不相同。最多的时候甚至有约1000种不同版本的Facebook面向不同的用户群运行。在Facebook，新功能的发布必须进行灰度测试。

亚马逊对AB测试的偏执更是到了近乎苛刻的地步，甚至被赋予"AB测试公司"的绰号。不仅公司自行研发了AB测试系统，允许员工将网页拆分成不同版本进行比较和测量，就连办公室桌子的摆放角度，都要通过AB测试来决定。

所以，高价值的公司不仅在科技创新、用户价值、商业变现方面表现突出，更重要的是他们能够利用数据思维去衡量每一个微小的改变，通过积累最终大幅提升产品价值。这对于追求科学严谨的成熟期来说至关重要。

有人可能会认为：AB测试有什么稀奇的啊，大家不都用过吗？的确不稀奇，但是，能像Google、Facebook、Amazon等硅谷明星科技公司这样，认真对待每一个细节、把AB测试视作一项基本政策无时无刻不去贯彻进而做出决策的公司少之又少。

还有的人认为：我相信专业能力可以减少不必要的测试。确实，我们不能用测试来替代一切，测试只是验证洞见的手段。但同时我们也要知道，根据历史测试情况，即使是再顶尖、再有经验的人，跑赢AB测试的概率也只是50%而已。这就是为什么即使在硅谷明星科技公司里，创始人也不能凭直觉作出判断，而是要求一定要做AB测试。

3．相信数据的客观性和真实性

我相信，看到这里还是会有人质疑，认为设计质量好坏与商业相关指标（可以理解为业务指标，只要这个指标和长期的商业价值相关）没有必然联系。

有个典型的例子，我们团队之前用传统的设计方式优化过官网首页。设计师参考了当前流行的设计风格，看上去清新优雅（旧版本是几年前做的，看上去风格陈旧），但转化率就是上不去，这严重挫败大家的自信心。后来设计师因此非常抗拒用定量数据验证设计效果，而坚持要通过满意度调查的方式来验证新版本就是比之前的体验更好。那么，设计真的无法用定量的数据指标验证吗？

后来在一次用户调查中发现，我们的主要用户是二三线城市务实稳重的男性用户，他们更关注信息是否清晰、重点是否突出、操作是否顺畅等。旧的页面虽然看上去简单，但由于信息分外突出易读，深得用户欢心。

随着产品越来越多样化、个性化，环境的变化越来越充满不确定性，我们很难再依靠主观判断来衡量设计作品的好坏。设计师需要做的不再是设计自己最满意的界面，而是要设计出目标用户最喜欢的界面。当目标用户和我们是完全不一样的一群人时，我们就只能通过不断地测试来证明用户是否真的满意。

就好像顶尖的理发师会根据顾客的脸型、性格剪出最适合他的发型，而水平一般的理发师只会根据流行趋势剪出千篇一律的发型，且完全无视顾客的自身条件。

还有一些设计师主观地认为：设计对业务的影响十分有限，用业务相关指标验证不公平。其实这是对自己不自信的一种表现。要知道，很多年前苹果电脑仅仅因为生产出了五颜六色的电脑主机，就大幅增加了销量。设计对业务的影响是至关重要的，即使是在大家普遍认为设计发挥空间有限的互联网金融领域，我们也一次次验证了仅通过改变界面设计就能大幅提升业务数据的论点。

那么体验好坏和业务指标会有冲突吗？最近一年，在业务主管的鼓励下，我们团队已经开始尝试完全用业务指标指导设计方向并验证结果，形成数据闭环。在这个过程中，我惊喜地发现，不仅数据上去了，团队成员的设计质量、设计专业度都得到了实质性的提升。其实只要掌握了科学的方法，用业务相关指标指导并验证设计是完全可行的。

7.4.2　价值指标

价值指标是对应产品商业价值的可量化指标。

前面我们通过商业三板斧，推导出天猫的价值指标可以是：活跃用户数、新增活跃用户数、品牌商数目、新增品牌商数目、商家销售额、产品营收等。

价值指标与商业价值、方向假设（假设做了某一产品，可以提升价值指标）是等价的关系，价值指标是数据形式的产品商业价值，它既可以指导产品设计方向，也可以验证成果。方向假设如果成立了，一定可以提升商业价值，而不应该背离它。

三者并非线性的关系，而是以价值指标为抓手，通过用户增长地图帮助我们得到和商业价值等价的方向假设，如图7-14所示。

为什么要通过用户增长地图这个工具呢？

一是成熟期倾向于优化细节，而价值指标相对于细节来说范围太大了。比如不可能只调整一个栏目的位置，就让销售额大幅度增长。所以我们需要通过拆分指标，或拆分场景的方

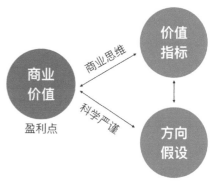

图7-14　价值指标与商业价值、方向假设等价

式让指标和具体产品设计事项对应起来。用户增长地图可以帮助我们做到这一点。

二是用户增长地图可以帮助我们打破边界，围绕价值增长发现更多的假设。如果没有用户增长地图，那么当我们明确了产品的商业价值以及对应的价值指标后，每个人可能都会下意识地从自己负责的常规工作事项中去找答案，这并不利于帮助我们创新。成熟期并不意味着不再需要创新，相反，成熟期既要继续保持探索期最小成本创造最大价值的精益思维，又要继承成长期的创新思路，同时还要学会使用科学的方法测试验证。这样才能在有限的成长空间中创造最大的价值。

7.4.3　用户增长地图

说到用户增长地图，大家可能会觉得很陌生。毕竟我们可以在网上搜索到的用户故事地图、用户体验地图，却搜不到用户增长地图。因为这是我在实践中总结发现的方法，它借用了用户增长模型AARRR的概念，所以我称它为用户增长地图。

AARRR模型是由硅谷某投资机构的联合创始人提出的，深受业内人士的推崇如图7-15所示。可以看到，它考虑得全面，包含了从获取用户到用户使用产品/服务，再到反复使用并分享推荐的全部环节。

图7-15 AARRR模型

用户增长地图为我们展开了一幅用户生命周期的全景图。这样看起来，它和成长期介绍的用户体验地图似乎很相似，但又有明显的不同。用户体验地图侧重于解决用户在使用产品或服务过程中的体验问题，而用户增长地图则包含了所有的营销和体验触点，帮助我们找到提升商业价值的发力点。

为什么我在成长期为大家重点介绍用户体验地图，而在成熟期介绍用户增长地图呢？这是因为要做好营销，前提是必须要有好的产品。所以在成长期产品设计师应该力求完善产品，之后再综合考虑包含营销层面的增长机会。当然在成熟期，也可以两者配合使用：先通过用户增长地图从更广阔的视角定义关键事项，再通过用户体验地图完善具体内容。

用户增长地图什么样子呢？如图7-16所示，第一行是总体价值指标；第二行是骨架，即贯穿完整用户生命周期的主要任务；第三行是增值假设，假设完成它们可以提升价值指标。

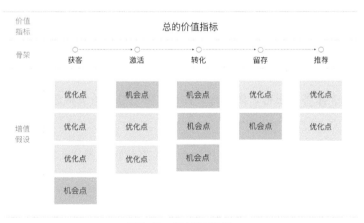

图7-16 用户增长地图

这个骨架非常重要，帮助我们以此为方向，找到所有可能提升产品商业价值的机会。在实际使用中，我们不一定要完全遵循AARRR的内容，而是可以根据产品的实际情况稍做修改。比如针对借贷产品，我习惯使用的骨架为：获客（营销广告）、激活（下载App—注册）、转化（选择借款产品—填写资料—申请借款—借款成功）、留存（还款/再次借款）及推荐（分享/邀请）。

很明显，这个骨架比用户体验地图的骨架范围更大，不仅包含用户使用产品的实际流程，还包括使用产品前的被动营销过程以及使用产品后的主动分享过程。

创建用户增长地图的步骤大概有7步：

① 召集到若干名对产品非常熟悉的人员（除了产品经理、运营外，还建议邀请技术、数据等相关角色）参与。如果不好同时邀请到这些人，那就先私下里与他们沟通，得到结论后再通过用户增长地图总结并整理。

② 写出总的价值指标。

③ 以AARRR模型为参考，写出完整的骨架。

④ 写出增值假设。每个人在便签纸上写下与骨架相关的，且可能提升价值指标的假设。"假设"可以分为两类，一类是优化目前已经实际存在的功能或页面，我们称之为"优化点"，另一类是创新的点子，我们称之为"机会点"。可以用两种不同颜色的便签来区分"优化点"和"机会点"，比如用黄色代表"优化点"，用粉色代表"机会点"。

这个阶段不要互相讨论，一旦大家都完成了准备，每个人轮流说出自己的内容，并把便签纸全部贴在白纸或桌面上，这时如果出现重复的内容就可以省略了。

也可以先让大家各自思考，然后轮流讨论，由主持人负责筛选并写在白板上，如图7-17所示。

⑤ 优先级排序。可以直接在图7-17的相应位置标出代表优先级的序号。

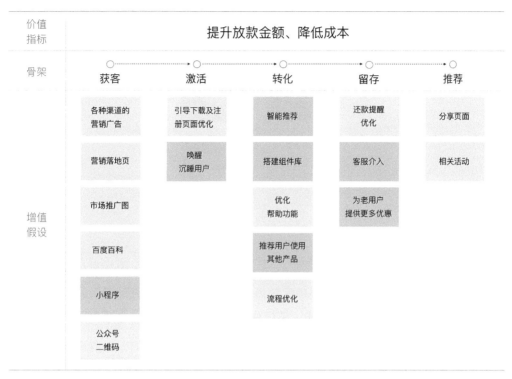

图7-17 用户增长地图示例

按照提升指标的可能性以及实现成本（包括设计成本与开发成本、是否方便迅速得到数据验证等）高低，排列优先级。对于提升指标可能性高且实现成本低的，我们应该迅速行动起来；对于提升指标可能性低且实现成本低的，我们可以在不忙的时候抽空完成；对于提升指标可能性高且实现成本高的，比如搭建组件库、搭建AB测试系统等，我们可以考虑申请更多资源或成立临时项目组，如图7-18所示。

对于提升指标可能性低且实现成本高的，是否应该放弃？也不一定。有些创新的想法包含着很大的不确定性，比如搭建一个可以提供多变量测试的系统，或者根据用户标签自动生成页面的系统要不要做？我建议只要能够验证这么做对现阶段的业务发展是有效的，就可以做。怎么验证？举个例子，可以先找一个渠道做试验，在开发系统之前先用人肉的方式证明这个思路确实可以大幅提升业绩，而搭建系统可以大大提升工作效率。最好能证明搭建系统带来的收益足以覆盖前期的投入成本。

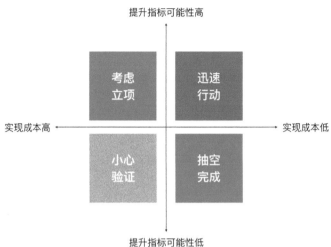

图7-18   提升指标可能性/实现成本的组合因素

很多时候，设计师或开发工程师满腔热情地发现了一些"好点子"，却可能因为找不到实现的场景或意义而受打击。请记住，永远不要为了做一件事而做一件事，而是为了解决一个重要的问题而做事情。

⑥ 分解价值指标。把价值指标根据事件对应的场景进行分解，并写进对应的事件位置上。

具体怎么做呢？以电商网站为例，用户的主要行为构成图7-19所示的倒立的行为金字塔。

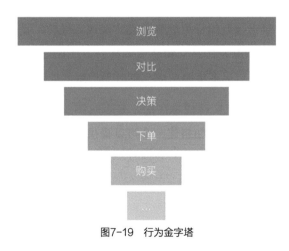

图7-19   行为金字塔

怎么提升销售额这个价值指标？很简单，一方面要提升从用户决策到后面环节的转化率，另一方面要提升用户购买的商品数量及商品金额。

比如我们现在要改进购物车页面，那么我们既需要关注从打开购物车到结算页面的转化率、支付成功率，还需要关注支付笔数、支付金额……

这样，我们哪怕只改进了一个细节，比如把购物车的图标挪动一个位置，也可以通过上述指标来验证效果。

对于借贷产品来说，"营销落地页"对应的价值指标是转化率（转化率提升，间接提升放款金额、并降低成本）；"流程优化"对应的价值指标是转化率及借款金额。

⑦ 总结待办事项。把前面讨论出的所有内容按照如图7-20所示的格式梳理，并同步给相关人员。

优先级排序	事件	内容	性质	衡量指标	上线时间
1	小程序	为信贷经理制作拜年小程序	机会点	新增用户数	2018.1.31
2	公众号二维码	优化二维码页面	优化点	关注率	2018.2.10
……	……	……	……	……	……

图7-20 待办事项示例

这样，我们就通过用户增长地图，定位到了接下来要完成的"方向假设"，即假设我们完成了列表中的内容，可以提升产品的商业价值。

7.5 科学测试——持续提升价值

待办事项确定后，是不是可以立刻开工呢？别着急，才刚刚开始。别忘了，成熟期的策略是科学严谨地提升商业价值。这个科学严谨可不单单是我们日常理解的精细化设计，因为它既不是逻辑严密的设计推导或复杂的数据维度，也不是追求极致的设计细节，而是一个完整、快节奏、科学的闭环设计思路，如图7-21所示。

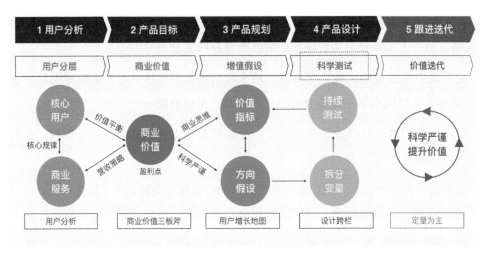

图7-21   成熟期——科学测试

7.5.1   精细化设计是否等于极致体验

现在很多设计团队都在强调精细化设计。所谓的精细化设计，就是追求深入、极致、全面，因此我们发现大量的设计师用越来越多的时间推导设计过程，打磨设计方案，研究动效、文案等细节，试图打造出拥有极致体验的产品。然而，精细化设计等同于极致体验吗？我的回答是：不一定！

追求精细化设计当然是一种进步的表现，但如果方向不对，精细化设计也可能带来反向效果。在成熟期，也许只是偏移图标的几像素，都可能影响到业务数据。设计变量多了会导致效果互相抵消，反而难以提升数据。

而现在大家对精细化的理解还停留在"慢工出细活"的阶段，花更多的时间去探索、完善设计，等拿出来验证的时候却因为变量太多而难以提升数据，最后得出设计无法用数据量化的结论。其实，如果不考虑其他因素的影响，新的设计方案上线后业务数据如果完全没有提升，证明体验也没有好到哪里去，或者说体验即使提升了，用户的感知也不明显。

另外，即使精细化设计真的产生了效果、提升了业务数据，怎么沉淀它们也是个问题。

比如，某设计师通过精细化设计，完成了某个项目。他在分享的过程中，大家看到的是非常详细的推导过程和设计方案，但是其他人要怎么复制他的成果呢？由于缺乏数据结果，或是只有最终整体的数据结果，我们无法得知具体能提升数据的因素是什么。大家的注意力只能放在他的设计方法上，而他的方法可能包括前期的调研以及他个人的洞察，其他人很难快速复制。对于成熟期的产品来说，这个效率实在是太低了。下一次迭代，或是换了其他设计师，一切又要重来。而且，这样对公司来说也是不利的，设计好坏依靠的是个人的力量，而很难积累集体的智慧。

在7.4.1节中我们已经了解到，用数据验证成熟期的设计成果，除了接受这个理念外，还包含两个重要因素——拆分变量和AB测试。以设计变量为单位、持续通过AB测试验证业务指标是否有提升，能够及时地反映出每一个设计变量对提升数据的影响，这些结论可以被反复使用。经过时间的积累，最后汇聚的成果是非常惊人的。我们可以及时把它们沉淀到设计规范及组件库中，批量发挥更大的作用。

因此我们之前理解的精细化设计能力只是基础，怎么在此基础上科学的设计测试试验，并沉淀能够有效提升数据的设计因素是另一件事情。所以，精细化设计应该既包含缜密的设计分析及方案推导、极致的设计效果，又包含科学的试验测试部分。这才能称得上完整的精细化设计。

如何科学地设计试验呢？接下来简单介绍一下试验设计的概念。

7.5.2 试验设计

试验设计（Design of Experiment，DoE），是统计学的精妙应用，可以帮助我们在少量的试验和低廉的成本中发现规律、节约成本、提高效率。具体怎么运用呢？在这里我给大家举个简单的例子。

比如你想开一家蛋糕店，要提供最佳口感食谱，且适用于不同的店面、不同的厨师（有经验的/没经验的）。假设在蛋糕的配方里可能影响蛋糕口感的因素如图7-22所示。

那么设计一个DoE的意义就在于研究每一种可能的影响因素和结果之间的关联性，最后输出各种因素完美组合的结果。

同时它也可以告诉我们哪种因素对结果的影响最大，哪种因素对结果基本没影响（例如鸡蛋的品牌对蛋糕的口感没有任何影响；而烤箱的温度对口感起到严重的影响，所以在制作过程中对烤箱温度的要求是最严格的，这样可以保证成品的可复制性高，即不同的人做出来的蛋糕口感一致）。

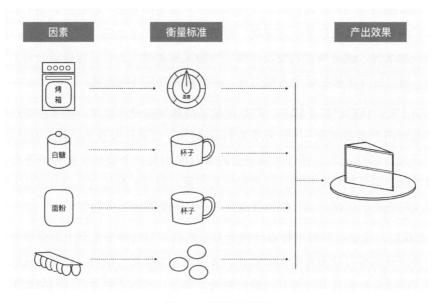

图7-22   试验设计举例

DoE还有一个好处就是可以帮助平衡得失。比如你希望蛋糕又要好看又要好吃，可是实验结果告诉你，鱼与熊掌不可兼得。要想蛋糕好看不能烘烤时间太久，但是烘烤时间久蛋糕会更好吃。这时候就要回过头去看DoE里，怎么能找出让蛋糕既好吃又不会过度影响美观的最佳烘焙时间。

关于DoE有哪些真实的实践案例呢？《增长黑客》提到：Pinterest增长团队的工程师为了大幅提高试验速度开发了Copytune机器学习程序，用30种语言的副本向用户发送无数封邮件进行测试，以提升用户留存。这正是多变量测试（multivariate test）的一个例子，即不仅仅是对比两个选项，而是对比信息的每一个元素的每一个可能的版本以寻找最优组合。再如"多臂赌博机"模型（multi-armed bandit），这是一个更加复杂的测试方式，可以更快地找到最佳方案。

国内比较有名的案例有阿里巴巴的人工智能设计产品"鲁班"（取自谐音"让天下没有难做的banner"），它利用算法和大数据，把商品、文字和设计主题进行在线合成，根据消费者偏好进行个性化投放。当然一开始，他们先请设计师根据活动主题做了大批量风格确定的模版，证明了这种模式可以大幅提升点击率，之后才做了鲁班系统（典型的精益思维，先验证模式、再投入大量资源）。另外，最终的设计效果还要从美学和商业的角度进行评估，力争做到两者间的平衡。

除此之外，我还听说有可以直接生成交互界面的人工智能系统。看到这里，可能有很多设计师已经开始恐慌了：未来我会不会被人工智能替代？其实，人工智能是设计师的好朋友，帮我们分担枯燥琐碎的工作，这样我们未来就可以把更多的精力放在创意以及解决棘手的问题上。

这里举的例子比较特殊，在大多数情况下，我们并不需要涉及如此复杂的系统，毕竟不是所有产品都能达到阿里巴巴公司和Pinterest这种体量。如果你的项目真的需要这样做，而你又对DoE感到困惑，那么也没有关系，你可以向数据工程师及开发工程师了解，他们一定会非常愿意跟你交流，并愿意协助你完成这个挑战。

对于大多数产品设计师来说，下面介绍的设计跨栏法会更加实用、接地气，也更符合精益的思维——我们可以先用跨栏法验证模式，再考虑用DoE提升效率。

7.5.3　设计跨栏法

探索期推荐的设计冲刺法可以帮助我们在非常有限的时间内构建理想的方案；成长期推荐的设计接力法通过拆分模块、逐步发布，帮助我们降低大版本迭代的风险，也使得设计方案有迹可循、在模块内修改起来更灵活；成熟期推荐的设计跨栏法，则通过拆分变量，帮助我们了解具体变量对提升数据的影响，一方面这是最有利于在成熟期快速提升数据的方式，另一方面这样可以帮助我们源源不断地积累测试成果。

设计跨栏法首先确定工作范围及价值指标，然后考虑所有能提升价值指标的假设，接下来拆分设计变量并完成设计，之后通过AB测试的方式验证该变量的价值指标是否有所提升。如果提升了，就在此基础上继续测试其他的变量，如图7-23所示。

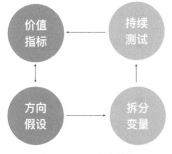

图7-23　设计跨栏法

就好像一个人本来直接跑100米，现在变成了跨栏跑，跨完一个栏，才能接下来跨第二个栏，以此类推……由于要跨栏，那么奔跑的技术也会和平跑不一样：平跑时就放开了跑就好了，但跨栏跑注重的是技术，比如刘翔当年就是通过"八步变七步"技术（正常人要十多步），大大提高了最后的成绩。

这就是为什么平跑中国人不行，但是跨栏跑却能拿世界第一。因为平跑要比身体素质，跨栏跑除了身体素质外还要比技术，所以亚洲人才有可能获胜。这也是设计跨栏法的意义所在：即便你不是天才，你也有可能通过过硬的技术帮助产品取得更好的成绩。

设计跨栏法主要分为5步：

① 确定价值指标。确定商业价值的总体指标，以及分解后对应某具体事项的价值指标（具体见6.4.3节用户增长地图）。

② 围绕指标确定方向假设。提出假设：如何以最小的代价提升指标？它可以包含功能、文案、设计等方面。

③ 拆分变量。这个假设由哪些设计变量（因素）构成？哪个变量可能对该假设影响最大？把该变量挑选出来，并完成设计。

④ 持续测试，包括测试单一变量和测试组合变量

● 测试单一变量：严格控制变量（其余变量不变，只改动选定的变量），通过AB测试看该变量对数据的影响。

● 测试组合变量：为不同人群/不同渠道展示不同的变量组合，看整体效果是否更优，验证该变量组合对整体的影响。

⑤ 验证效果。包括验证单一变量和验证组合变量。

● 验证单一变量：如果数据效果好，可以再逐步验证其他变量；如果数据效果不好，需要修改该变量的设计结果，或是重新考虑试验方案。

● 验证组合变量：如果数据效果好，证明该变量组合是合理的，未来可以通过继续完善变量设计或细化变量组合进一步提升数据。

这里介绍两个应用设计跨栏法做优化的示例：

1. 营销落地页面优化

我们曾经通过设计跨栏法，把一个重要的营销落地页面从"转化0提升"到累计"转化提升70%以上"，大幅降低了公司的营销成本。营销落地页的优化过程如图7-24所示。

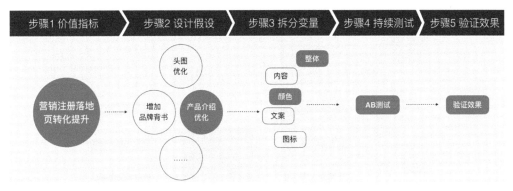

图7-24　设计跨栏法应用示例1

① 确定价值指标：对于该页面来说，和总体增长指标最相关的指标是转化率，所以我们把"提升转化"作为该页面的价值指标。

② 围绕指标确定方向假设：由于之前修改过两次头图，效果都不理想，所以这次决定不动头图，也不新增其他内容，只修改头图下面的产品介绍部分。

总体来说，获取这部分决策可以通过用户调研、竞品分析、头脑风暴、个人洞察等。关于这些大家可以参考前面相关的内容，这里就不再重复了。

③ 拆分变量：产品介绍部分占了页面的大半部分，是整体修改，还是只修改内容？或是只修改颜色，或是只修改图标？整体修改最有可能提升数据，但风险较高，而且不容易找到对应的有效变量。为了保险起见，我们除了做出3套不同的风格外，还选择其中一个方案，用红、蓝两种颜色做对比。这样我们不仅可以看到3个风格的效果区别，还能额外了解到用户对不同颜色的喜好。

所以我们同时测试了4个方案（注意，每个方案的样本量至少要过千才有意义），如图7-25所示。

图7-25　控制变量（只修改产品介绍部分和只修改颜色）

④ 持续测试：我们选择了一个小渠道，用了将近一周的时间看效果（累计足够的样本量）。通过AB测试看到，4个方案中表现最优的是方案3；红蓝方案对比，蓝色表现比红色要好。整体转化率提升了30%以上。

⑤ 验证效果：得到的结论是，用户喜欢简洁干练的视觉风格。因此我们决定继续改进其余变量，转化提升依次为8%、4%、5%……至今还在不断累加中。

从图7-26中我们也可以明显感受到：随着数据的提升，设计质量也有了明显的提升。可见，在其他因素不变的情况下，设计质量与数据的提升是成正比的，数据可以真实地反映出设计质量的变化。

可能有人会想：这样一次只测试一部分，效率岂不是很低？其实这是一件一劳永逸的事，因为我们不仅可以通过这种方式不断提升数据，更重要的是，我们可以从方案的演变过程中发现规律、总结经验，并复用到其他页面上。

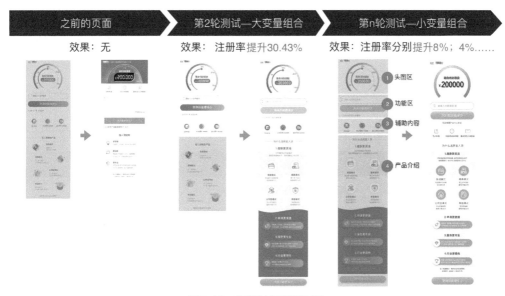

图7-26　营销落地页改进过程

比如从营销落地页的改进中，如图7-27所示。我们沉淀出了特定的设计规律，并把这种规律复用到了其他营销页面及产品页面，转化均有明显提升（当然同样的规律未必适用于其他产品）。

图7-27　营销落地页风格沉淀

当然，随着产品线越来越复杂、设计人员越来越多，后期我们会通过搭建DPL（Design Pattern Library）设计组件库的方式严格定义、批量复用该风格，做到真正的一劳永逸。

2. 营销banner优化

除了逐步验证具体变量以外，我们还可以验证变量组合的合理性，如图7-28所示。

图7-28　设计跨栏法应用示例2

比如阿里巴巴如何优化营销banner，使之更好地适应于海量用户场景？（该案例仅为帮助大家理解，不代表阿里巴巴实际的操作过程）

① 确定价值指标：提升营销banner的转化、降低制作成本。

② 围绕指标确定方向假设：通过消费者偏好进行个性化投放，做到"千人千面"。再利用人工智能，做到自动抠图、匹配文案/模版、匹配人群投放……

比如你体重较重，那么你看到的banner可能就是大码服装；如果你是个新手妈妈，那么你看到的banner可能就是各种母婴用品；如果你是美食达人，那么你看到的就是各种诱人的零食广告……

如果用人工来实现，那么这个工作量将大到无法想象。但我们可以先通过人工进行小范围测试，测试成功后再考虑使用人工智能技术。

③ 拆分变量：很明显，一个banner可以拆分为商品、文案和设计主题三部分，如图7-29所示。

图7-29　营销banner示例

④ 持续测试：设计师根据活动主题做了大批量设计模版，和不同商品、文案信息组合，根据用户行为展示给匹配的用户。

⑤ 验证效果：点击率大幅提升，证明该模式、该变量组合假设皆成立，接下来可以继续优化变量，比如完善设计模版、文案信息、优化商品展示规则等。还可以通过搭建人工智能系统，让机器帮助我们完成简单的抠图、匹配工作，甚至让机器学习设计。

设计跨栏法作为试验设计的入门实践方法，可以帮助我们学会用科学的方式量化设计细节并提升设计效果。它不仅适用于优化营销页面，也适合于优化各种类型的产品页面。

7.6　价值迭代——赚得盆满钵满

7.6.1　定量为主

成熟期非常重视迭代，且迭代速度很快，短则一周，快则按天计算。应该持续用业务数据验证成熟期的设计效果。

对应成熟期产品线多、用户量多、追求商业价值等特征，在产品设计方面除了常规要求外，我们还应该关注稳定、规范、统一、科学严谨等。

图7-30可以帮助我们回顾一下成熟期的产品设计思路。

如何做到科学严谨、规范统一呢？需要在前期针对用户进行定量分析、对商业服务/营收策略进行研究，找到促进商业价值提升的核心规律，并通过构成商业价值的上述核心要素明确对应的商业价值指标。

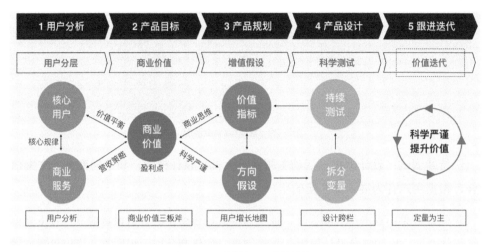

图7-30　成熟期——价值迭代

之后，通过用户增长地图纵观全局、找到产品设计的所有发力点，最后通过设计跨栏法分解变量、完成初级版试验设计（DoE），通过持续不断的AB测试检验迭代结果，并结合规范及组件库（DPL）沉淀、复用结果。

如果用户量极大，也可以在DoE的基础上发展人工智能（AI），大幅提升效率。

总体来说，成熟期以定量为主：通过数据指导方向、验证结果，并通过大数据、科学分析及搭建智能工具等大幅提升效能。

当然，这并不是说不做定性调研了，定性依然很重要，只是我们要考虑如何用更有效率的方式来做定性研究，毕竟成熟期用户体量太大，如果定性研究方向不对很容易以偏概全，反而导致错误的方向。我们可以在定量调研不够全面的情况下，适当参考定性调研的结果。

7.6.2　提升商业价值

成熟期最重要的目标，就是提升商业价值，进而提升产品的总体价值。要做到这点，并不单单要考虑商业模式。根据"商业价值三板斧"模型，用户价值（产品对用户有无可取代的价值）、核心竞争力、商业变现三部分互相影响、缺一不可。而商业变现需要建立在前两者的基础之上。

所以即使产品到了成熟期，也不能丢掉体验和技术，一味地想着怎么赚钱。

以滴滴出行为例，有媒体评论，滴滴出行并没有展示出任何优于竞争对手的核心能力，优于对手的只是在战术层面的执行力。在我的印象里，在众多打车软件竞争的那个时期，滴滴出行貌似是通过强大的资本后盾及执行能力胜出的。

企业是否具备核心竞争力，有一个重要的评判标准：这个企业是否具备抵御竞争对手价格战的能力。比如苹果公司很好地抵御了安卓手机厂商的低价冲击，苹果无疑具备很强的核心竞争力。

所以成熟期的"科学严谨提升商业价值"的思路，是帮助我们在建立核心竞争力的基础上锦上添花，加速提升企业价值。但前提还是要不断创新、变革、提供新技术，这是一条永无止境的道路。

7.7　打造大一统的全业务线品牌设计

关于品牌的概念，在第6章已经说过很多了，所以这里只简单讲讲成熟期的品牌设计特点。

7.7.1　形成统一且独特的品牌印记

成长期追求大胆创新的品牌风格，为的是更容易让人记住，更容易在类似的竞品中脱颖而出。

而到了成熟期，一方面产品在市场中已经有了稳固的位置，竞争显得不再那么重要；另一方面成熟期的品类、产品线会不断增加。比如阿里巴巴公司商家事业部有18个产品，滴滴出行有十余条产品线……这些产品都有各自的特征、体验和视觉风格。这种情况会导致整体品牌感很弱、业务和品牌关系混乱、体验不一致等问题。所以成熟期最重要的不是依靠标新立异的品牌形象区分于竞争对手，而是先对内树立统一的品牌形象，这是对外做大规模品牌宣传的基础。

要想统一，就不可能采用很特别的形象，而是适合采取保守、稳重、扩展性强的风格。这就是很多人都觉得大公司的设计风格平平无奇，小公司却经常出现让人眼前一亮的设计。这并不完全是因为设计师的水平问题，而是要看业务的发展需要。所以不要轻易评价成长期的设计风格"过度"，也不要随意评价成熟期的设计风格"平庸"，如果在不了解业务背景的情况下，直接判定设计风格的美丑、好坏，是一种不够成熟的表现。

那么怎么协调众多业务形态各异的产品线风格呢？我本人没有亲身参与过这样的实践，但是我可以给大家举个例子。

以下案例来自2015年滴滴出行设计总监在IXDC（国际体验设计大会）上的部分公开演讲资料。

滴滴出行：主品牌与产品线调性如何统一。

既要考虑主品牌的调性，又要同时考虑到不同产品线的特征，这确实是个大难题。滴滴用了一种非常巧妙的方式解决这个问题，让我印象十分深刻。

当然，这是几年前的案例了，现在也许早已不同，但是这个思路到今天依然值得借鉴。

首先我们可以通过品牌三板斧模型推导品牌理念和宣传口号。虽然我不知道滴滴出行怎么推的，但是我想应该也是类似的方式。

说到差异化，滴滴出行和当时的主要竞争对手易道和Uber比，更加平民化、接地气。滴滴出行包含出租车、快车、专车等，这使得它面向更多的人群，并且也更容易让用户打到车，这是滴滴出行非常大的优势。毕竟对于打车的人来说，能快速打到车比什么都重要，这决定了基本的出行体验。

根据我自己制作品牌三板斧推导，如图7-31所示。得出滴滴出行的品牌定位是：为用户带来美好的出行体验。而滴滴出行当时的语言钉恰好就是"滴滴一下，美好出行"。

由于成熟期不追求个性化的品牌方向，所以这里我们不再使用发散个性关键词的品牌三元法，而是直接发散感性关键词（想要给用户传达什么样的感觉）即可。

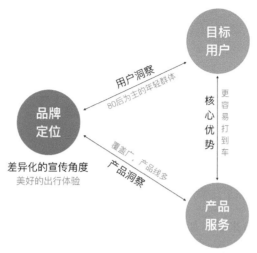

图7-31　滴滴出行品牌三板斧

滴滴出行当时应该是通过头脑风暴或定性调研，围绕"滴滴一下，美好出行"的概念，结合用户及业务特点锁定了关键词：暖心贴心、时尚活力、安全可靠。后来又在此基础上进一步精简，变成了"舒适、活力、正式"，并给出了具体的释义以及关键词优先级，如图7-32所示。

图7-32　滴滴品牌关键词

通过情绪板的方法，决定用3种不同的颜色来表示这3个关键词。这是一种很讨巧的做法，因为越简单的视觉元素，扩展性和应用性越强。阿里巴巴商家线品牌统一也用了类似的做法：通过统一主色调，以及不同的辅助色比例，来区分同一事业部下面的不同产品，如图7-33所示。

考虑到不同产品的特性以及用户的诉求，在不同类型的营销宣传广告和产品界面中调整这3种颜色的比例，最终达到整体品牌感一致，又能突出不同产品个性特征的效果，如图7-34所示。真的是很巧妙！

舒适感　　活力感　　正式感

图7-33　通过情绪板得到对应关键词的视觉形象

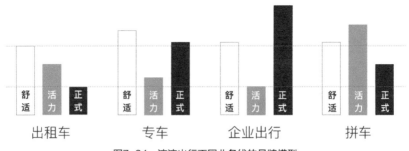

图7-34 滴滴出行不同业务线的品牌模型

7.7.2 如何做到线上线下风格统一

设计理念和方案出来了，如何贯彻落实呢？我们可以通过营销触点提升产品认知、产品触点提升产品体验。产品触点和营销触点统称为"品牌触点"。

1. 营销触点

营销触点即品牌主动和用户接触的渠道或媒介，比如户外广告、网络广告、印刷宣传册等。

这里"视觉锤"的运用非常关键。比如天猫商城的视觉锤是吉祥物猫头的轮廓，无论是产品页面，还是营销活动、户外广告，这个形象都会被重复使用。这给用户留下了深刻的品牌印象，在无形中节省了大量的成本，提升了宣传效率。因为即使是从很远的地方不经意地一瞥，也会知道这就是天猫商城的广告，如图7-35所示。

图7-35 天猫商城地铁广告

在上一章，我们介绍了打造视觉锤的方法，在成熟期我们可以把成长期的独特视觉形象加以提炼和简化，找到适合成熟期的更具延展性的视觉符号（图7-36仅供参考，给提炼和简化视觉形象提供方向）。

图7-36 知名品牌的logo变迁

另外值得一提的是，现在不光是企业，个人也越来越重视品牌形象包装。某歌手于近日率先跨界推出了她的个人形象识别系统，其中包含了logo、slogan、色彩、风格甚至还有手势。这种特立独行的做法配合统一的视觉风格，俨然已经成为她个人的"视觉锤"。

2. 产品触点

产品触点即用户主动和产品接触的地方，比如产品相关的各个页面。然后我们可以从中找到新的品牌方案可以落地的部分，并保持和营销触点的形象统一。比如，新的品牌方案里包含了吉祥物，那么我们可以在一些错误提示页面中加入对应的吉祥物表情，如图7-37所示。

整理触点时不一定非要像图7-37一样画得这么好看。用传统的表格整理也没有问题，只要能达到目的就可以。

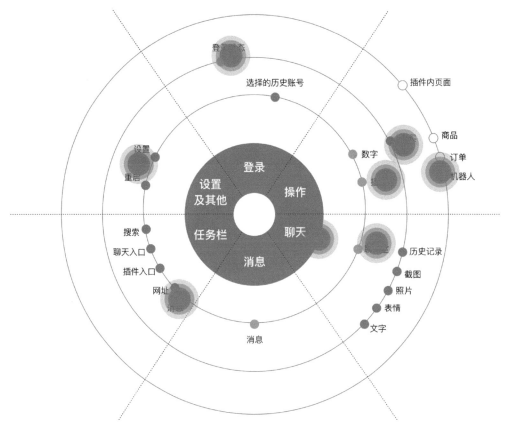

图7-37   产品触点及设计落地点

很多设计师都有心理包袱，觉得不管任何产品都要设计很好看才行，否则就是影响了自己的声誉。我记得有一次一位非常资深的设计专家在台上演讲，内容很棒，但是提问环节中有个人却问："为什么你是设计师，PPT还做得不美观？"还有一次，我看另一个团队的设计报告时，发现他们的统计图表特别美观，于是忍不住问："这是用的什么统计软件啊，居然能生成这么漂亮的图？"对方很无奈地回答：Photoshop。我认为这么多统计图表都用Photoshop画，浪费了太多的时间。

其实这个问题各个角色都有，不然产品的"虚荣指标"、越来越多叫不出名字的专业指标、华而不实的各种报告又是怎么来的呢？希望在未来，不管什么角色，都能放下"面子"，把更多时间和精力投入到真正提升产品价值以及自身能力上去，而不再做表面功夫。

还有一点需要注意：想做到线上线下品牌感统一并不是靠外观这么简单，这里面的学问很深，包含了企业文化、理念、组织力等，设计只是其中很表面的一环。

记得有一次和一位设计师朋友聊到未来的方向，他说他的梦想就是要让用户在世界上每个不同的城市，都能感受到线上、线下统一的品牌体验，比如星巴克、Apple……

我不禁产生了疑问。线上线下品牌感统一，然后呢？为了什么呢？怎么想，我都觉得这只是手段或表象，而不是目标。星巴克、苹果之所以能成功，能提供给用户良好、一致的体验，和企业创始人独特的价值观、人文精神等密不可分，所以我们自然能体验到这种代表独特灵魂的统一感。但我们如果只是纯粹地追求体验的统一，一方面我认为很难成功，另一方面我觉得也没什么意义。现在其实有很多公司都在这方面发力了，但依然没有让我印象深刻的，因为他们更多地把精力放在了表面上，而不是修炼内功上。

所以线上线下品牌感统一，一定要建立在产品本身已经不错的基础上，才有意义。

第三篇
知行合一　不惧未来

本篇主要讲述，当你已经具备了产品设计师的思维，学会了产品设计师的方法后，该如何快速应用在工作当中，以及在这个过程中可能发生的问题及解决方式。

相比第二篇系统的知识介绍，本篇更侧重实操，同时也对前面部分重要思想做了提炼和总结，希望能够更好地帮助大家理解。

第8章 如何推动产品设计革新

8.1 组织升级与个人能动性

不可否认，产品设计师的成功进化与组织结构是否合理息息相关。

8.1.1 职能型的组织结构

在以传统的职能结构为导向的团队中，想要成为产品设计师确实非常困难，如图8-1所示。

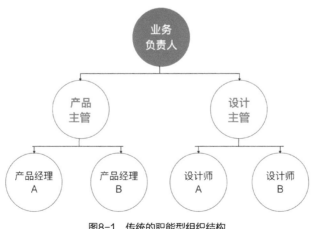

图8-1 传统的职能型组织结构

在这种组织结构中，底层的设计师既受到上级领导的约束，又受到业务方的制约。

还有的大型团队，结构更为复杂，光是UED的主管就有好几级，设计团队更像是咨询公司加外包团队的合体（这么说绝非贬义，仅从组织结构的角度看），以支持业务需求及提升用户体验为主。

这种结构对快速提升新员工专业水平，以及设计师共同参与一些偏学术的研究课题确实有好处，但是并不利于整体产品效率的提升，常出现于不太在意成本的成熟期公司里。在这种组织结构中，对设计师的评价标准往往是看对业务的支持程度以及业务方的满意度、体验指标的提升、包装理论的能力等，设计师很难有更大的空间，也不利于突破创新。

8.1.2　扁平化的组织结构

在一些创新项目的团队中，往往更加扁平化，也给了每个人更大的发挥空间实现自我。如果一个小团队只有七八个人，那么任何人都可以和老板直接对话，阐述自己的观点并做出更多创新。腾讯一直在采用这种高内聚、低耦合的组织结构，保证每个团队都是独立的，且人数不能过多。

但扁平化组织也不是没有问题。当业务过于复杂的时候，这种组织结构显得过于理想化，也不利于新人在专业方面的快速成长，还可能造成资源浪费（比如项目1的部分代码结构、页面组件有可能跟项目2类似，本来是可以资源共享的），如图8-2所示。

图8-2　扁平化组织结构

8.1.3　交叉型组织结构

这种组织结构其实是比较常见的，它既能保留职能组织结构又能通过项目的形式把相关角色组织在一起。

比如产品经理A属于产品团队，设计师B属于UED团队，但他们又都是项目1的成员，产品经理A是项目1的项目经理，对该项目负责。设计师的绩效大部分由产品经理A给出，小部分由UED的主管给出，最后算一个总分，如图8-3所示。

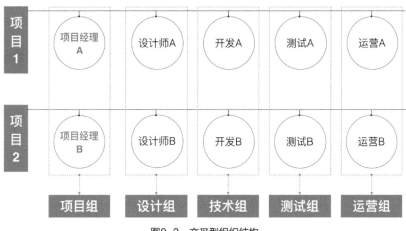

图8-3　交叉型组织结构

这样似乎解决了之前结构不够扁平或难以快速提升新人水平的问题，但是依然难以改变设计师被动支持的局面。因此，假如我们放宽限制，允许每一个人都有机会成为项目经理，结果就很不一样了。目前宜人贷正是采用了这样的管理方式，任何一个人，不管是产品经理、运营、设计师、开发，只要你有好的点子，都可以发起项目。

当然，即便不是采用这样的方式，只要敢想敢干，愿意把好的想法说出口并争取到支持，也都有机会施展自己的能力。每个角色都在不断突破边界，助力提升产品价值的同时提升自我。我身边的设计师朋友说起这样的案例总是滔滔不绝，虽然他们还并未成为真正意义上的产品设计师（毕竟"以提升产品价值为中心"和"偶尔想到好点子帮助业务"还是不一样的）。

8.2   用OKR颠覆创新，还是KPI稳稳提升？

关于OKR的内容，网络上有很多相关信息，大家有兴趣的话可以看一下。这里限于篇幅，只是简单介绍一下。

OKR是Objectives and Key Results（目标与关键结果法）的缩写。1999年，Intel的副总裁将OKR引入谷歌，并一直沿用至今。现在，包括Google、LinkedIn、Intel在内的许多硅谷公司都在采用这个制度。OKR评估法会设定雄心勃勃的目标和相应的可量化的完成步骤。我第一次听说OKR是因为宜人贷目前正在推行中，它解决了我们以往在项目中遇到的很多问题。

为什么我在这里要特别提到OKR呢？因为OKR对于产品设计师来说非常重要。

前面提到，常规的KPI（Key Performance Indicator）并不一定等同于提升产品价值。它只是明确了我们的具体绩效指标，虽然可以提高效率，也带来很多隐患。

- 一些创新的事情，成果难以测量，因此无法制定KPI。

- 大家更倾向于做没有风险的工作，而不愿意做前瞻性的有风险的工作。因为要考核KPI，几乎所有人都提出容易实现的低目标。

- 短期内难以见到效益的重要工作受到轻视。

- 没有人对最终结果负责，大家只对自己负责的KPI负责。为了达成KPI数字有可能损害公司长期利益。

- 设计师、程序员的KPI怎么制定？看工作量、代码数？

- 团队变得没有人情味，一切都看指标。

- 花费大量的精力和时间在量化和统计业绩上，真正的工作却敷衍了事。

作为产品设计师，需要把合理配置资源提升产品价值作为目标，并使用对应产品价值的指标作为指导和验证产品设计工作的依据。那么这个指标不可能是KPI，因为KPI往往代表着把已知的事情做到更好，而不是在未知领域创新。但是产品设计师无论是在探索期验证产品方向，还是在成长期巩固竞争优势，在成熟期提升商业机制，都离不开创新。因此KPI只能解决部分问题（把已知的事情做得更好），但不可能解决全部问题。

OKR以具体目标为导向，围绕目标制定对应的指标以及事项，如图8-4所示。

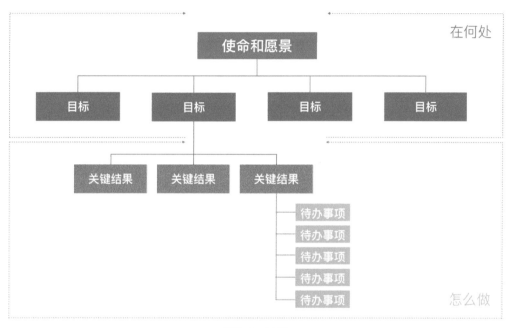

图8-4 OKR

OKR主要有4部分。

（1）使命和愿景（Mission&Vision）

不仅公司有使命和愿景，小到我们每一个员工，在立项时都要阐述项目的使命和愿景。

在宜人贷，每个项目的使命和愿景要符合3个条件：对业务有影响、行业领先和创新，这当然与宜人贷的使命和愿景相关。

使命和愿景足够大，才有可能做出一个杰出的项目。

（2）目标（Objective，后面简称"O"）

项目最终想要达到的若干结果及成绩（以终为始，把想要最终达到的结果当作目标）。

（3）关键结果（Key Result，后面简称"KR"）

对应每个目标的关键结果及指标。

（4）待办事项（To do）

为了达成每一个KR，我们应该具体做哪些事项。

下面是我们最近正在进行的一个项目的OKR，如图8-5所示。

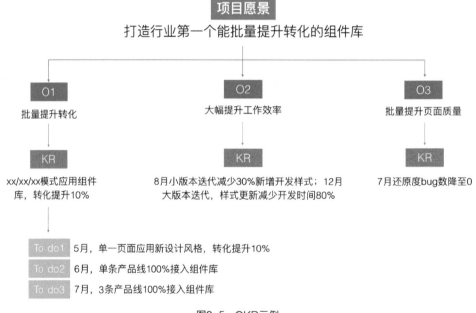

图8-5　OKR示例

OKR的优点如下。

● 不以考核为目标，鼓励大家聚焦在更重要的事情上。

● 围绕O（目标）产生的KR（关键结果）既可以量化结果，又能确保不偏离目标。

● OKR不是分数越高越好，70%的完成度就很棒。鼓励大家为自己设定更高的目标。

● ……

那么是不是KPI就彻底不用了呢？当然也不是。事实上，KPI和OKR没有孰优孰劣，只是看应用的场景。如果是偏执行类的工作，KPI更加高效；如果是偏创新类的工作，OKR更加合适。

通过OKR，我们把想要达成的最终结果作为目标（O），定义和目标对应的指标（KR）；同时围绕目标/指标做出若干假设后进行决策，得到待办事项（To do）。待办事项完成后，验证结果，看是否达成了目标。整个过程形成一个闭环。

这和我们前面一直强调的产品设计师的工作思路如出一辙。这就是对产品设计师来说，OKR如此重要的原因了。在一个只强调KPI且各自为政的公司里，产品设计师将很难生存。

有一位企业培训咨询师朋友和我谈起OKR的时候，说多年前就有一些公司尝试过，发现很难推动，所以现在大家普遍还是使用KPI。确实，OKR不一定适用于所有公司，它需要建立在员工自驱力、综合能力足够强的基础上。这也是为什么在正式实行OKR之前，宜人贷用了很长一段时间努力招聘高级人才。所以外部招聘、内部培养、项目制、OKR等是一系列组合策略，合理规划、搭配才能产生预期效果。

8.3　重新定义问题

我们完成产品设计方案并进行验证后发现，并没有达成预先设定的目标，这个时候就需要寻找其中的问题了，然后迭代方案，争取下一次更好地达成目标，如图8-6所示。

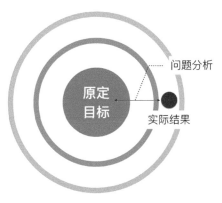

图8-6　重新定义问题

在实际结果和预期目标的差距之间找问题，是一种全新的定义问题的方式。这可以帮助我们缩小问题范围，及时审视之前的工作并总结经验，而不再像传统方式那样漫无目的地收集大量问题再费时费力地整理。既节约了时间，也提升了再次命中靶心的概率。

总之，优秀的制度给了我们更多发起项目、实现想法的机会。OKR使我们在实际行动中遵循最优路线，用最精准的方式直达目标，在结果和目标之前存在的差距帮助我们定位问题，以便下一次达成目标。整个过程形成一个高效的闭环，就像滚雪球一样。由于我们每次都在用最直接的方式高效地解决问题，因此在一次又一次累加力量的作用下，最终你将毫不费力地收获让人吃惊的成果！

很明显，和传统的非闭环设计思路相比，闭环的新思路更为高效。但除此之外，我们还需要使用必要的辅助手段帮助我们进一步提升产品设计效率。

第**9**章　如何提升产品设计效率

9.1　设计量化，由尝试变成常识

在我刚到宜人贷的时候，我惊奇地发现这里的UED团队几乎从来不看数据。一方面是因为设计团队新人比较多，还尚未养成看数据的意识和习惯，另一方面是因为公司数据比较杂乱，想看也无从下手。

另外，无论是交互设计师还是视觉设计师、用户研究员，都认为设计很难被有效量化。在这样的状况下，大家都习惯依靠经验和直觉做设计。在领导的要求下，也尝试通过设计改版来提升转化率，但是都以失败告终，这更让设计师坚定地认为用数据来衡量设计是不合理的，是在为难设计师。

但是不到一年，这种局面就得到了有效的改变：设计团队通过优化设计提升数据的案例越来越多，最夸张的一次直接提升了145%的转化。现在，用业务数据指导并验证设计在我们团队已经变成了很普遍的情况。此外，我们还总结出了很多高效的方法。

到底发生了什么，让我们的团队发生了如此大的转变？

1.　规范数据埋点

要想养成看数据的好习惯，首先得有的可看。虽然当时我们也可以看到基础的业务数据，但这是远远不够的。要想获取到对改进体验更有参考意义的用户行为数据，就需要用到数据采集和分析工具。

有条件的公司会自建一套用户行为数据采集系统，大部分公司会将埋点布置在第三方数据分析工具上，如Talkingdata、GrowingIO、友盟、CNZZ等。其中GrowingIO已实现无埋点技术。

现在我们公司也在搭建自己的数据采集系统，同时在尝试采用无埋点技术。无埋点技术效率更高，可以产生更多的数据；数据采集成本更低；可以避免漏埋、错埋的情况。

当然这要经历一个缓慢的过程。在早期，我们主要还是通过传统的写代码的方式来定义特定的事件（在网站需要监测用户行为数据的地方加载一段代码，比如说注册按钮、下单按钮等，这就是我们常说的"埋点"）。加载了监测代码，我们才能知道用户是否点击了注册按钮、下了订单等。

为了能看到更加详细完整的数据，我们要求每个交互设计师都要跟进自己所在项目的埋点情况。在每个版本开发过程中，将数据采集当作需求的一部分让前端工程师在开发环节处理完成。

为了便于团队成员管理和查阅，团队内定义了统一的维护规范。每位交互设计师都需要及时更新文档，并保持文档内容完整，如图9-1所示。

文档命名	项目名称＋埋点文档＋最新更新时间，如：某产品埋点文档20170821

示例：

模块	页面	事件名称	版本	变更记录
	极速模式网银选择发卡行	额度预估-网银-选择各银行	4.5.0	
		额度预估-网银-安全保障	4.6.0	新增
		额度预估-网银-身份证	4.6.0	修改
		额度预估-网银-信用卡好	4.6.0	删除

说明：
a.变更记录，包含3种类型：新增；修改；删除
b.需要处理的埋点事件用黄色填充标注；开发无法处理的埋点事件灰度处理
c.模块&页面&事件名称，各项目维持不变

文档上传	位置：文档更新到各项目的指定的位置上
	时间：统一固定时间

埋点描述	方式1：在埋点文档里新增工作表进行详细描述
	方式2：在交互文档里新增模块进行详细标注

图9-1 某埋点规范示例

获取这些数据对提升设计质量、改进体验、量化设计结果都起到了非常重要的作用。当然，日常的维护和更新是比较耗费人力成本的，一旦开始广泛运用无埋点技术，将可以更好地提升效率。

2．用业务数据验证设计

我们一般将数据分成3类：第一类是跟业务相关的结果型数据，如新增用户、活跃用户、转化率、成单数、留存率等；第二类是体验相关的过程数据，如减少重复输入、提高填写效率、减少跳出、停留时长等；第三类是用户研究数据，偏定性研究，如用于研究人群、发现问题以及方案测试等。

一开始，设计师基本上只关注第二类和第三类数据，在汇报工作成果时，也只用这两类数据来验证设计成果。但是我们可以明显感受到，业务方对这些数据没有太多概念。这很容易理解，假设因为体验提升导致用户在某页面的平均操作时长减少了5秒，但是该页面转化完全没有得到提升，那么对于业务方来说，这次改进的价值是什么呢？

我记得多年前在网易时，为了说服主管，我把与一个方案相关的用户研究数据发给他，但是他竟然拒收了。理由是：用户研究数据可能存在误导性。因为数据样本不同、维度不同，调研者对业务的理解不同、立场不同，最后都可能导致结果出现主观性偏差。更有不少人会"巧妙利用"（篡改、包装、避重就轻）数据来证明自己的主观性观点。所以不仅仅是我当时的主管，很多业务方都认为用户研究结果只能参考，不能作为客观决策的依据。

另外，选择错误的数据指标也一样会把你"引入歧途"。举个反面案例：某产品底部菜单栏上的分享功能是核心操作，于是该产品的视觉设计师优化了分享按钮的样式，结果该按钮点击率得到了大幅度提升。那么能证明这个设计是有效的吗？经过分析，我们发现用户只是点击欲增强了，实际分享比例并没有提升。所以真正重要的指标是分享率而不是按钮的点击率。

综合上述因素，我们现在更提倡共赢的思路：在提升体验的同时，也保证对公司业务的提升有帮助。现在我们在汇报设计工作成果时，重点使用业务数据的变化来说明问题。如果能经常做AB测试，就可以排除设计外的其他因素对于业务数据变化的影响，使结果更有说服力。

这样我们就可以用大家熟悉的语言——业务数据，更直观地表现出设计对于业务的价值。实际上，如果你真的能够让用户的平均操作时长减少5秒，那么转化是不可能没有提升的，所以为什么不用更直接的业务数据来传达价值呢？当然，我们依然还会关注用户行为数据以及用户研究数据，只是我们会把它们作为参考，而不作为最重要的衡量指标。

我希望未来，设计师可以更勇敢一些，对自己更有信心一些。如果体验有大幅提升，对业务指标绝不会没有影响。我认为目前设计师的价值还远远没有被挖掘出来，实际上，只要你敢于用业务数据验证设计成果，你就会发现：体验与视觉感知对业务指标不仅有直接的影响，而且影响巨大。

3. AB测试＋控制变量

经历了前两步，团队明显有了质的变化，提升业务数据的案例越来越多、设计质量也越来越好，得到了业务方的高度认可。

但依然有些"难啃的骨头"，比如大家最为期待的营销落地页面，我们试验了很多次都没有成功，数据一直没有明显变化。

经过分析，我们认为这个页面可以改进的空间并不是很大，所以不适合做大幅度的改进，而应该一点点微调。所以我们采用了AB测试+控制变量的方式。由于相关的案例我在第7章已经介绍过了，所以这里就不再重复了。

这个过程中最重要的是总结经验，每次AB测试后，我们都会记录不同方案的数据差异，并得出结论：哪种字号效果更好；用户更喜欢的颜色；垂直布局比交错布局效果更好；加了何种信息效果要更好……

通过一段时间的摸索，我们逐渐掌握了其中的门道，形成了特有的设计风格（后文简称M）。之后，我们用M风格改进了另一个营销落地页面，转化成倍提升。要知道，这个页面的转化本身就不低，之前做了接近十套方案都没能提升数据。可见方法是多么重要。

再后来，我们就开始把M风格落实到规范上，不断沉淀、批量复制到各条产品线上，进一步提升数据。

9.2　让AB测试成为常态

目前，我们还远远做不到像硅谷的众多优秀公司一样，把AB测试变成常态，但这是未来我们努力的方向。

对于产品设计师来说，如果没有AB测试，那么通过数据来验证产品设计效果的想法基本就是空谈。一方面，环比的数据不稳定，难以排除其他客观因素的干扰；另一方面，我们需要等待较长一段时间观测数据，无法快速对比不同方案的优劣，也无从得知不同变量对最终结果的影响。就好像蒙着眼睛做决策，效率一定是非常低下的。

要想让AB测试变成常态，需要公司的高层意识到这个问题。因为搭建AB测试系统需要花费成本，测试过程也一样要花费时间。但好处是，一旦建立起这个制度，通过一段时间的积累，后期收益会越来越显著。如果每次测试提升1%，那么累计下来，最终的提升将是惊人的，这和利滚利的原理一致。

可以先在与营销相关的页面上采用AB测试机制，因为这里的转化情况与成本息息相关；尝到甜头后再在产品相关页面采用AB测试机制。

9.3　通过DPL组件库批量优化

当我们根据长期积累下来的AB测试结果，沉淀出规范后，如何把这些规范内容快速复制到若干条产品线呢？这就不得不提DPL（Design Pattern Library）组件库，如图9-2所示。

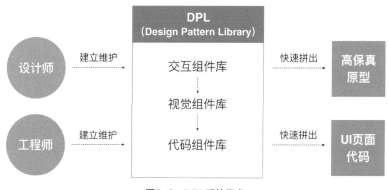

图9-2　DPL系统示意

在应用组建库之前，我们每条业务线的视觉样式都不一样（设计师不同），并且混杂了不同版本的样式（比如3.0版本发布后，还没来得及完全更新，又发布了4.0版本）。由于视觉样式不同，直接造成了前端资源的浪费，并且还原度问题十分严重。设计师要花很多时间检查和沟通，否则就要忍受糟糕的上线效果。即使还原度问题解决了，用户体验也不好，因为一个App里同样的控件可能有各种样式，让人感受很不好。一旦经历改版，那么App里必然又会新增一种样式，导致越来越混乱。但是如果想按照新的样式全部更新，工作量实在是太大了，得不偿失。

DPL从根本上解决了这些问题。通过与前端工程师的协作，把设计规范、样式与前端代码打通，形成DPL组件库。这样未来我们就可以通过组件库的标准控件样式快速拼出高保真原型以及UI页面代码，保证了各条产品线的一致性及设计质量，避免交互设计师、视觉设计师、前端工程师的重复劳动，大大提升效率和体验。当涉及重大改版时，我们也可以通过更新组件库内容，快速同步所有相关页面，让改版在瞬间完成。

这个想法很好，但是推动起来有一定难度。毕竟各条业务线的压力都很大，大家凭什么愿意花费精力支持你的想法呢。我们又一次使用了精益的思维：先验证这个想法有效，再持续推广。首先我们找到一条用户量比较小的新业务线，得到了产品经理的大力支持。然后我们用前期积累的M风格，整体改进了该业务线的所有页面，并整理出这些页面的公共控件及视觉元素，由前端同学开发成可以高效复用的DPL组件库。

上线后，该业务线的转化率提升了10%以上，且如果再经历改版优化，只需要原先10%的时间就可以完成。由于各业务线控件高度一致，后续其他业务线再接入DPL也会轻松很多。

我们向所有的产品团队宣告了这个结果，得到大家的热烈响应。接下来，各业务线的产品经理都非常愿意接入DPL。以前我们每次推行改版方案都阻碍重重，但是这一次，我们在没有刻意推行的前提下却轻松地实现了在所有业务线推行M风格的目标，批量提升了各业务线的数据。

未来，设计和技术相结合从而大幅提升效率将成为常态。除了DPL以外，现在已经出现了很多人工智能设计系统，可以高质高效地产出Banner甚至交互界面，协助设计师处理大量枯燥、费时费力的工作。我们还可以利用技术做更多的事情：比如计算不同设计元素的最佳组合；分析用户访谈的录像视频，提取共性标签……除了多关注设计、技术动态之外，和开发工程师成为朋友也是个不错的选择。

最后用一张图总结一下，如图9-3所示，我们在实际工作中是如何提升产品设计效率、促进数据显著提升的（注：宜人贷的产品优化提升空间较小，偏向于成熟期；这里的"目标"也包含了对应的指标）。

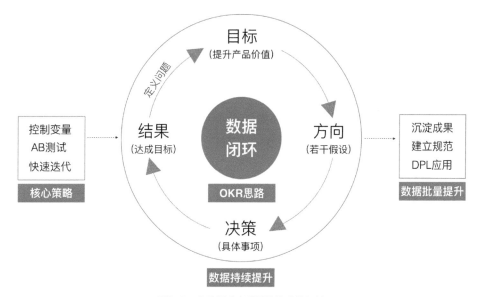

图9-3　启动提升产品设计效率的飞轮

在这个过程中，传统的设计团队也从原先的纯支持团队逐渐转型成为驱动业务提升的设计增长团队。

9.4　让白板和便签重见天日

我们经常在各种书籍和教程中看到关于白板和便签的应用案例，但在实际工作中，却常常将它们束之高阁。也许是觉得浪费时间，也许是不习惯和其他人讨论，也许是因为懒，也许是感觉过于形式化……说实话，一开始我也很少使用，有好几次真的决定开始使用了，又似乎没有找到很好的场景。但是最近几年，我越来越意识到它们的好处和重要性。

把握节奏，提升效率

白板是团队内部同步信息的强有力工具。之前我有幸以面试官的身份参加阿里巴巴校招，观察候选人如何分组进行讨论，发现会有效利用白板的团队，讨论效率和结果都大大优于不使用白板的团队。

如果不使用白板，常见的情况有3种：第一种情况是一两个较外向的人主导讨论的过程，剩下的人统统"打酱油"；第二种情况是谁想到什么就说什么，没有人组织或记录、引导，团队一盘散沙；第三种情况是大家都比较内向，长时间处在沉默状态，偶尔有人零星地说个一两句，最后也没得出什么具体结论。由于整个讨论过程要持续一小时左右，所有的内容都是连续的，一旦一个环节出现问题，后面就很难再挽回。所以没有有效利用白板的团队，总体表现都不是很好。虽然还是有个别人会脱颖而出，但这完全依靠运气，结果很不可控。

使用白板的小组的配合情况就好多了：组长把对题目的分析和要讨论的议题写在白板上，然后引导团队成员逐一讨论并记录重点，最后汇总得到结果。整个过程可控、有序、高效。所有人的理解实时同步，每个人都能跟上集体的节奏，这有利于大家群策群力、充分发挥。即使团队的个人能力都比较普通，但是最后的结果也是比较有保障的。

所以在讨论一个较大的议题时，如果能利用好白板，提前规划好要讨论的内容，及时在白板上总结讨论结果，将大大提升会议效率，并充分发挥出集体的力量。

发散想法，收敛决策

前面在讲到用户故事地图、用户体验地图、同理心地图等方法时，我们都用到了白板和便签。日常头脑风暴发散创意时，也少不了用到它们。

白板和便签让每个人都有参与感，可以积极地发散想法和创意，并用可视化的方式快速进行分类并决策，如图9-4所示。

如果没有使用白板和便签的习惯，大家未必能充分地参与其中，享受讨论的乐趣，尤其是对于很多有想法但较内向的团队成员。

图9-4　利用白板和便签发散想法并收敛决策

监控进度，查缺补漏

做出决策后，怎么落地执行是关键。如果不认真跟进，讨论的成果就很可能没有下文，那么一切的工作都会流于形式、失去任何意义。

在结束完一次讨论后，我们会把决策的结果按照下面的形式罗列出来。里面既包含了O（目标）和KR（关键结果），也包含了进度追踪情况，如图9-5所示。

阶段 目标	To do （计划做的）	Doing （正在做的）	Done （已经完成的）	Key Result （上线结果）
O1 （目标1）				
O2 （目标2）				

图9-5　目标与进度追踪

为了方便大家及时了解完成情况、查缺补漏，我们尽量把它展现在明显的位置。

比如图9-6中这两个项目，很明显，左边的项目进入了焦灼状态。该项目是一个创新项目，大家提出了很多想法，能真正落地的却不多。这就需要我们重新审视目标，考虑先从可执行的地方入手。右边的项目完成得很顺利，但是创新部分则比较少，所以我们在工作过程中可以思考得更多一些。

图9-6　用便签展现项目进度

用这种方式可以帮助我们非常直观地看到项目中存在的问题，并及时改正。

现在，我们团队非常重视使用白板和便签。开会讨论时，一定会预订有玻璃板的会议室，每次讨论大家参与度都非常高，讨论完毕后会拍照，以便于后续整理、决策。当决定好要做的事情后，我们就会在工位附近的玻璃板上罗列当前的工作进度，方便大家及时查看、追踪。可以说，有了这种习惯后，团队的工作积极性、责任感和工作效率都有了很大的提升。

其他协同工具

除了白板和便签，还有很多其他的协同工具可以使用。比如Axure（没错，Axure有强大的协同功能，可以多人共同完成原型，并及时同步）、各类云笔记等，在这里就不多列举了。

总之，可以根据需要，利用一切可以利用的工具，提升产品设计效率。

第**10**章 如何调整心态 快速适应

10.1 沟通中的"上下左右"

在转变为产品设计师的过程当中,我遇到过很多挫折,毕竟改变自己的认知不是一件容易的事情。对于新人也许还好,但是对于经验丰富的从业者来说,清空自己再重新注入新的思维,需要莫大的勇气和挑战自我的决心。

那个时候我并没有意识到,想要改变自己,适应新的环境,必须学会和周围的人重建沟通方式,而是变得越来越不自信、越来越退缩、越来越封闭。在这个过程中,我的心态曾一度消极到冰点,甚至多次想要转行。我完全不知道该怎样改变这种消极的状态。后来有一次和一位朋友闲聊,他提到沟通中的"上下左右"一下子点醒了我,我觉得过往的难题瞬间解决了。

何为沟通中的"上下左右"

每个人在职场中基本都会面临"上下左右"的沟通关系:"上"即自己的主管;"下"即自己的下属(没有下属的除外,所以基层员工的职场关系要简单很多);"左右"即团队内部的同事,或需要跨团队协作的同事,或可以交流的同行等,如图10-1所示。

当"上下左右"基本平衡时,这个人的沟通状况是健康的,他的工作状态也是比较稳定的。而当"上下左右"失衡时,他的心态可能出现问题,工作表现也会欠佳。如果团队负责人的沟通关系失衡,那整个团队在沟通方式上都可能会出现问题。

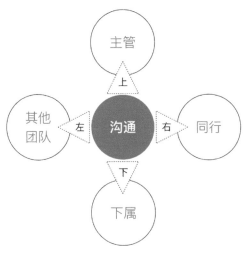

图10-1   "上下左右"沟通模型

"上下左右" 失衡状态

当一个人缺少"上",他可能会变得迷茫或跋扈：如果不够自信则迷茫；如果过于自信则跋扈,表现为独断专行。缺少"上"不意味着没有主管,也许是主管在异地或对自己很少过问,或是彼此有嫌隙（对应的是,他的主管缺少"下"）。"上"是所有关系中最关键的一环,有了良好的向上关系,其他关系基本上也不会太差。而如果"上"缺失了,整体沟通关系就很容易失衡。

当一个人缺少"左右",他可能会变得目光短浅、孤立或没有存在感。时间长了容易变得越来越闭塞,却反而自我感觉越来越好,因为他们看不到客观存在的差距,也不愿意去看。有效的"上",往往会带来有效的"左右"。

当"上"及"左右"缺失时,就只剩了"下",他会把大部分精力都放在观察和监督下属身上：下属会变得压抑不自由,或得不到欣赏。

"上下左右" 平衡状态

良好的沟通状态,应该"上""下""左""右"均衡发展。比如,可以定期找主管汇报工作；定期和各条业务线的同事沟通,拟定近期的业务计划以及团队工作方向；

积极参加公司的培训计划、行业会议，多和同行交流；主动关心下属，多鼓励对方。

"上下左右"的运用

作为团队主管，既要通过"上下左右"确保自己的沟通关系平衡，也要不断干预有沟通问题的下属。通过一些干预手段可以使下属的沟通状况恢复健康（工作中的问题基本上除了专业就是沟通）。可以根据"上下左右"模型来判断下属的问题出在哪一块，再有针对性地补足即可。

作为下属，可以通过"上下左右"来检视自己的沟通健康状况，看自己日常对于主管、同事、同行等是否有足够的沟通。如果不幸遇到沟通关系失衡的主管或老板也不要气馁，我们可以通过加强向上沟通来尽量平衡。千万不要集体默默忍受或抱怨，否则会让已经失衡的关系更加严重。

所有人都可以通过"上下左右"模型检视自己的沟通情况，并给其他同事相关的建议。

关于运用的道理虽然简单，但是执行下去也有很大的难度。可以制定一些可量化的目标，比如多长时间和什么角色沟通一次，产出什么内容等。只要照着去做了，相信所有人在职场中都能很快看到自己和周围人的变化。

10.2　如何实现"跨越式"的成长

每个人的成长都不会一帆风顺，我也同样。想想自己在转型期前后，简直判若两人，但我想所有人可能都走过类似的心路历程。现在看到很多初入职场的新人，或是在职场中已经苦苦挣扎了若干年却找不到方向的人，我都感到非常理解。

刚才提到了沟通，其实沟通只是问题的表象，最本质的问题是心态问题。在职场中，心态积极的人往往成长更快、沟通情况更好，也更快乐。

如何培养积极乐观的心态呢？

1. 先行动，后思考

我们往往认为要先改变认知才有可能改变行为。比如先拥有积极乐观的心态，才有可能改善负面的行为。但如何先拥有积极乐观的心态呢？这似乎是天性，很难靠后天改变。但我们可以通过强化某种好的行为，从而带动认知的改变。这就是"先行动，后思考"的逆向管理方式。

很多道理我们其实早已经知道，却不愿意去做。当遇到困境的时候，不妨试着做一些自己并不认同或不愿意去做的事情，看看会发生什么变化。

比如项目有一段时间进展很不顺利，我开始对下属的工作感到不满。但是我越是不满，项目就越没有任何进展。后来我没办法了，在请教了一些朋友后，我决定改变自己的行为：尽量用欣赏的眼光看待队友，用鼓励和引导替代批评。如果大家的表现不够好，我先从自己的身上找问题，而不是苛责别人。一段时间以后，项目奇迹般地开始有了进展，团队成员也有了很大的进步。

2. 卸下防卫圈

我们都知道要"突破舒适圈"，就是不要让自己过得太舒服，要经常挑战自己的极限，从中获得成长。

实际上，"突破舒适圈"并没有那么难，我们只要积极尝试过去没有做过的事情就可以了，更难的是"卸下防卫圈"。

当你的能力受到挑战和质疑的时候，就会自然而然地产生"防卫圈"，用于保护我们脆弱的自尊心。它可以让我们内心稍微好受一点，可以让我们把所有问题都归罪到别人身上，却也严重阻碍了我们突破自我。如果你有阻碍自己变化的"防卫圈"，那么再怎么突破舒适圈，最后作用也不大。

比如，我曾经为了"突破舒适圈"，选择了一个非常有挑战的业务。但时间一长，我开始感到无能为力，对项目、对公司大环境很失望，不想跟任何人交流，心中充满了负能量。

当时我的主管提出了两个要求：一是要定期和业务老板沟通，二是要定期和业务方沟通。这是两项我当时最不愿意做的事情，因为我当时充满了挫败感，觉得这个业务根本不需要设计师（业务难度很高，设计相关的事情相对不那么重要）。当时我看到这个要求，脑子里冒出了几百万个"不可能"，我有一种冲动，要去向他说明："你简直是太理想化了，你根本不了解这里的情况，这边的人只关心业务，没有人在乎设计师的事情，如果我们再去找他们，他们一定会觉得我们很碍事……"

但是第二天，冷静下来时，我改变了主意。我觉得我应该用实际行动证明这么做是不可能的。可是没想到奇迹发生了：老板十分支持我定期向她汇报，要求我一定要多找她沟通；同事十分配合，讲解业务非常耐心。我突然间有种大彻大悟的感觉：之前我以为的种种都不是真实的，它们是我幻想出来的"防卫圈"，用以阻止我的改变。只有卸下"防卫圈"，用积极、开放的心态来看待周围的变化，才能改变自己，拥抱当下。

同时，这也印证了第一步说的：通过改变行动，从而带来认知的改变。如果不踏出这一步，恐怕永远都不会改变。

3. 打破边界

很久以前，我把自己定位为一名专业的交互设计师，那个时候我觉得体现出"专业性"是第一位的，业务好不好跟我没有关系。这种心态，当然没少使我在工作中碰壁。

现在我已经有了很大的变化，看看我以前和现在的对比吧。

以前我总觉得接触的产品太专业，理解成本太高，设计师没有发挥空间。现在我会想：也许我可以用用户体验设计师擅长的推导方式和专业的调研能力，去帮助产品经理发现潜在的业务机会，并从整体的角度结构化的梳理产品框架。

以前老板或产品经理没有给我们提出期望和需求，我就觉得无所适从，不知道自己该做什么，该怎样做。现在我会主动找产品经理定期沟通，遇到问题就锲而不舍地追问；努力去思考结合公司战略和业务方向，UED应该做些什么，并把思考的内容和老板、同事分享。

以前我总不自觉地划分和产品经理的界限，规划设计方案和表达设计结果时没有足够的从业务角度考虑（注意：考虑业务和从业务角度考虑是不同的）。现在我们不分彼此，通过各自的优势共同解决问题，充分感受和团队的共同成长。

以前我动不动就会说：做这个没意义吧？你这种方式很好，但是不适合我们这里。你根本不了解我们这边什么情况。现在我会经常说：不做怎么知道呢，试一试吧，做着做着就知道了。就是靠这种方式，我解决了很多以前看似不可能解决的问题。

4．总结及计划

定期做总结及计划，是加速成长的绝好方式。每个季度，我都会总结这段时间团队做了什么，有什么进步和创新，接下来计划做些什么。

以前我可能更多从专业建设角度，现在则更看重从驱动业务的角度总结及计划。在这个过程中，迫使我充分调动积极性，努力思考怎么做出对业务更有价值的事情。

最后总结为什么之前的自己总是经历挫败感，并不是因为没有能力打开眼前的这扇门，而是心态问题把自己始终关在门外面。其实到了一定程度，专业能力不再是衡量人的标准，更重要的是心态。那些CEO、总裁总监们，专业能力一定比其他人好多少吗，他们不同于常人的就是心态、胸怀和眼光。希望越来越多积极、主动、独立的心态，带来职场中"跨越式"的成长。

10.3　用CEO的心态做产品设计

如何培养出CEO的心态呢？首先你得有主管的心态。

从管理人员到领导者的蜕变

关于管理人员和领导者的区别，在不同时期我的理解是不同的。

2012年的时候，我开始对这个问题有了一点自己的思考。通过看书学习，我了解到管理人员和领导者是不一样的，管理人员更像一个管家，把事情处理得井井有条就可以了，而领导者需要有前瞻性，能带领团队不断突破和创新，而不是仅停留在完成需求的层次。我从最开始做管理的时候，就立志要成为一个领导者，而不是管理人员。

2014年的时候，我对此又有了更落地的理解。管理人员是把简单的事情变得"复杂"：把一件事情拆分成可执行的最小单位，充分考虑到执行过程中的各种问题，并有条不紊地执行下去并拿到结果（有点像开发团队的项目经理）；而领导者是把复杂的问题变得"简单"，从千头万绪、海量信息中看到机会点、判断可行性，并通过管理人员把这些想法细化并落实下去。我本身是一个不擅长执行和处理细节的人，更喜欢思考和找方向，喜欢有创造性的工作，所以我一直都认为自己应该是个领导者而不是管理人员。

直到有一天，我的主管和我闲聊，说起管理人员和领导者的问题，她说我其实并不是一个领导者，而是管理人员，说我还需要更多改变，我当时非常疑惑。

又过了一段时间，恰好有机会听一位前辈分享管理经验，他也提到了管理人员和领导者的区别，并举了一个生动的例子。故事是这样的：某非常优秀的高管超额完成了KPI，但老板只给他打了B，他非常疑惑，问老板是不是还有什么地方没有达到他的期望，只要老板提出来，他一定能够完成。故事到这里其实已经有了答案，这位高管把自己当成了"管家"的角色，"管家"做得再好，也只是为"当家的"服务而已。

因此，管理人员和领导者的区别非常简单，你是把现在在做的工作当作"自己的"，还是"别人的"。回想我前段时间一直试图在问我的老板：你对我的期望是什么？你对我团队的期望是什么？我为团队设置的KPI你觉得满意吗？你交代给我的这个工作希望达到什么结果？我从来都认为老板给员工定目标天经定义，而员工有责任和义务与老板确认目标，只是老板似乎一直都没有明确回答我。我现在终于明白，我其实一直是一个管理人员！作为一名普通员工这样做也许没什么问题，但作为一名领导者，应该对自己有更高的要求。

用CEO的心态做设计

如果你已经具有了领导者的心态（和你是不是管理者没有关系），那么恭喜你，你离CEO的心态已经不远了。

如果没有人对你提出需求，你能否知道自己该做什么？以前看到阿里巴巴一位设计前辈提到"用CEO的心态做设计"，我当时解读为要有自我驱动力，要站在一个更高的视野去看问题，要学会换位思考。但现在看来，当时的解读还是太稚嫩了。"用CEO的心态做设计"，首先要有独立的人格，然后才能有独立思考的能力，清楚地知道自己真正的想要什么，怎么帮助别人共同达到目标。

我想任何岗位其实都一样，真正的学会自己做决定，而不是依赖别人给出的方向。不要害怕自我前行，也不要担忧别人质疑的眼光，因为你已经是个大人了，要自己决定一切了。

相信"用CEO的心态"可以做成任何事情，在此与大家共勉！

后记

写到这里终于可以舒一口气了，回顾这几个月以来的写作经历，感慨万千。

最开始我写这本书的初衷是想把自己的独特理念分享给大家。在工作中，我从业务方那里学到了很多东西，好不容易有所突破，却发现似乎和同行"唱起了反调"。大部分设计师，甚至很多资深的设计主管，都难以接受我的理念，或对此不屑一顾，认为我的想法太偏业务，不怎么像设计师。

一边是业务方，觉得我们"太设计师"；另一边是传统的设计前辈，觉得我们应该"更专业"。夹在中间，我感到快要窒息了。

憋屈了很长时间，有一天我突发奇想：何不再写一本书证明自己的观点呢？既然我觉得我是对的，别人的是错的，那为什么不行动起来，让更多人知道我的想法呢？

说干就干，我开始着手写这本书。但没有想到，本来是想借这本书帮助更多人改变，却在这个过程中，彻彻底底地改变了我自己很多根深蒂固的认识。写完这本书，我自己好像先变了个人。

第一个变化：从写给高级设计师到写给产品设计师。

一开始我想面向高级设计师，但是越写越觉得局促，感觉格局没有打开，后来转向产品视角，我才有一种找对方向的感觉。在这个过程中，我发现"设计"的比重越来越小，包括一些从前我觉得很重要的设计思想和方法，在产品视角面前都那么不值一提。我不得不再去恶补大量产品知识来填补早已搭建好的框架。还好有多年积累，以致这个过程不至于太麻烦。但这种感受还是深深震撼了我，让我明白以前自以为是的设计知识在更高的视角面前不过是九牛一毛。不管从业经验多丰富，资历多深，都要永远保持一颗敬畏的心。这个过程也让我明白往产品设计师进化的道路永无止境。你永远都会比从前更像一个产品设计师。

第二个变化：从经验总结到创造经验。

最开始，我无论是写博客还是写书，都是在总结以往的经验和案例。但是这一次，我是尝试先搭建出一个理论框架（虽然可能还没有足够的经验及案例可以证明），然后再填补对应内容。有部分内容是在写完之后才在工作中加以验证的。这种方式带给我非常不一样的体验，可以突破已有经验的限制，迸发不一样的火花。很多内容都是在写的过程中才恍然大悟，发现原来是这样！很多时候我甚至感觉，不是我写了这本书，是这本书选择了让我来写。

第三个变化：没有对错之分，只有视角不同。

以前当别的设计师和我的意见不一样时，我总会捍卫我的观点，认为别人是错的。这也是我最开始写这本书的动机之一。但是在完善方法论的过程中，我惊奇地发现，原来大家都没有错，只是自身的经验不同、应用的场景不同、看问题的视角不同而已。这个发现让困扰我多年的心结一下子解开了。

比如有的设计师可能觉得你的方法推导不够专业、没有遵循标准的方式，但是他没有意识到你的产品处于探索期。在这个阶段，专业不重要，重要的是方向试错和颠覆式创新。当你觉得别人的产出中规中矩、毫无创意时，你忽略了他们的产品处于成熟期，标准规范比创新更重要。

非常感谢那些曾经对我提出意见的专业人员，正是对这些意见的反抗，造就了这本书思想体系的完整，也改变了我看待问题、看待人生的视角。

第四个变化：克服和别人不一样的恐惧、相信自己。

由于这本书的观点和主流的设计思想差异较大，所以我在写作过程中压力很大，害怕难以被现在的读者接受，也害怕自己的理念太过激进或不够正确。但是在这段时间，我总是查看很多相关行业文章、书籍，力求验证我的想法的正确性。虽然它们往往不是设计类资讯。

我知道产品设计师的时代真的已经来临了，以"产品为中心"的设计革命即将爆发，时间刚刚好。

最后，期待我深深热爱的互联网行业，在未来继续改变世界、大放异彩；期待每一个不畏挑战的互联网从业者，在经历狂风大浪后不仅能够很好地生存，还能积极改变产品及自身命运，不惧未来！

参考文献

[1] 埃里克•莱斯.精益创业[M].吴彤，译.北京：中信出版社，2012.

[2] 杰克•纳普.设计冲刺[M].魏瑞莉，译.杭州：浙江大学出版社，2016.

[3] 艾•里斯，杰克•特劳特.定位[M].邓德隆，火华强，译.北京：机械工业出版社，2017.

[4] 劳拉•里斯.视觉锤[M].王刚，译.北京：机械工业出版社，2013.

[5] 肖恩•埃利斯,摩根•布朗.增长黑客[M].张溪梦，译.北京：中信出版社，2017.

[6] 老雕.MBA教不了的创富课[M].北京：当代中国出版社，2011.

[7] 范冰.增长黑客实战[M].北京：电子工业出版社，2017.

[8] 张溪梦，等.首席增长官[M].北京：机械工业出版社，2017.

[9] 吴军.浪潮之巅[M].北京：电子工业出版社，2011.

[10] 陈威如.平台战略[M].北京：中信出版社，2013.

[11] 陈威如.平台转型[M].北京：中信出版社，2016.

[12] 李志刚.九败一胜[M].北京：北京联合出版公司，2014.

[13] 埃米尼亚•伊贝拉.逆向管理：先行动后思考[M].王臻，译.北京：北京联合出版公司，2016.

[14] 中欧MBA网络课程.

[15] 滴滴2015年IXDC演讲资料.